海洋遥感与海洋大数据丛书

海洋盐度卫星资料
评估与应用

张　韧　王辉赞　鲍森亮　陈　建　闫恒乾　著

科学出版社
北　京

内 容 简 介

本书总结国内外海洋盐度卫星研究进展、盐度卫星资料处理及产品类型、盐度卫星产品反演与误差机理，系统开展目前已发射的 SMOS、Aquarius、SMAP 等盐度卫星产品的数据评估、质量控制与偏差校正，探索盐度卫星产品在实测数据质量控制、数据融合、剖面重构和数据同化等方面的应用，并展望海洋盐度卫星未来发展趋势和国产海洋盐度卫星计划应用前景，以期为我国盐度卫星遥感科学研究和业务应用提供参考和借鉴。

本书可供从事海洋遥感、卫星数据处理研究的相关人员，特别是从事海洋盐度卫星开发与研究的科研人员阅读参考。

图书在版编目（CIP）数据

海洋盐度卫星资料评估与应用/张韧等著. —北京：科学出版社，2023.5
（海洋遥感与海洋大数据丛书）
ISBN 978-7-03-075445-5

Ⅰ.① 海… Ⅱ.① 张… Ⅲ.①海水-盐度-卫星遥感-卫星探测-研究
Ⅳ. ①P715.6

中国国家版本馆 CIP 数据核字（2023）第 072578 号

责任编辑：杜　权/责任校对：高　嵘
责任印制：彭　超/封面设计：苏　波

科 学 出 版 社 出版
北京东黄城根北街 16 号
邮政编码：100717
http://www.sciencep.com
武汉精一佳印刷有限公司印刷
科学出版社发行　各地新华书店经销
*
开本：787×1092　1/16
2023 年 5 月第 一 版　　印张：11 3/4
2023 年 5 月第一次印刷　　字数：280 000
定价：168.00 元
（如有印装质量问题，我社负责调换）

"海洋遥感与海洋大数据"丛书编委会

主　　编：潘德炉

副主编：林明森　石绥祥　于福江　毛志华

编　　委（按姓氏拼音排列）：

陈　戈　　崔晓健　　郝增周　　林明森　　刘建强

毛志华　　潘德炉　　潘家祎　　石绥祥　　王其茂

吴新荣　　于福江　　张　韧

"海洋遥感与海洋大数据"丛书序

在生物学家眼中,海洋是生命的摇篮,五彩缤纷的生物多样性天然展览厅;在地质学家心里,海洋是资源宝库,蕴藏着地球村人类持续生存的希望;在气象学家看来,海洋是风雨调节器,云卷云舒一年又一年;在物理学家脑中,海洋是运动载体,风、浪、流汹涌澎湃;在旅游家脚下,海洋是风景优美无边的旅游胜地。在遥感学家看来,人类可以具有如齐天大圣孙悟空之能,腾云驾雾感知一望无际的海洋,让海洋透明、一目了然;在信息学家看来,海洋是五花八门、瞬息万变、铺天盖地的大数据源。有人分析世界上现存的大数据中环境类大数据占70%,而海洋环境大数据量占到了其中的70%以上,与海洋占地球的面积基本吻合。随着卫星传感网络等高新技术日益发展,天-空-海和海面-水中-海底立体观测所获取的数据逐年呈指数级增长,大数据在21世纪将掀起惊涛骇浪的海洋信息技术革命。

我国海洋科技工作者遵循习近平总书记"关心海洋,认识海洋,经略海洋"的海洋强国战略思想,独立自主地进行了水色、动力和监视三大系列海洋遥感卫星的研发。随着一系列海洋卫星成功上天和业务化运行,海洋卫星在数量上已与气象卫星齐头并进,卫星海洋遥感观测组网基本完成。海洋大数据是以大数据驱动智能的新兴海洋信息科学工程,来自卫星遥感和立体观测网源源不断的海量大数据,在网络和云计算技术支持下进行快速处理、智能处理和智慧应用。

在海洋信息迅猛发展的大背景下,"海洋遥感与海洋大数据"丛书呼之欲出。丛书总结和提炼"十三五"国家重点研发计划项目和近几年来国家自然科学基金等项目的研究成果,内容涵盖两大部分。第一部分为海洋遥感科学与技术,包括《海洋遥感动力学》《海洋微波遥感监测技术》《海洋高度计的数据反演与定标检验:从一维到二维》《北极海洋遥感监测技术》《海洋激光雷达探测技术》《中国系列海洋卫星及其应用》;第二部分为海洋大数据处理科学与技术,包括《海洋大数据分析预报技术》《海洋环境安全保障大数据处理及应用》《海洋遥感大数据信息生成及应用》《海洋环境再分析技术》《海洋盐度卫星资料评估与应用》。

海洋是当今国际上政治、经济、外交和军事博弈的重要舞台,博弈无非是对海洋环境认知、海洋资源开发和海洋权益维护能力的竞争。在这场错综复杂的三大能力的竞争中,哪个国家掌握了高科技制高点,哪个国家就掌握了主动权。本套丛书可谓海洋信息技术革命惊涛骇浪下的一串闪闪发亮的水滴珍珠链，著者集众贤之能、承实践之上，总结经验、理出体会、挥笔习书，言海洋遥感与大数据之理论、摆实践之范例，是值得一读的佳作。更欣慰的是，通过丛书的出版，看到了一大批年轻的海洋遥感与信息学家的崛起和成长。

　　"百尺竿头，更进一步"。殷切期盼从事海洋遥感与海洋大数据的科技工作者再接再厉，发海洋遥感之威，推海洋大数据之浪，为"透明海洋和智慧海洋"做出更大贡献。

中国工程院院士　潘德炉

2022 年 12 月 18 日

海洋盐度是衡量海水性质的关键参量，在大洋环流、海气相互作用等全球大气、海洋过程中具有重要的作用。一方面，盐度影响制约着障碍层、深水水团形成及热盐环流等物理海洋过程；另一方面，作为海气交界面处的关键要素，盐度的季节和年际变化与海气相互作用现象息息相关，是理解和预测天气气候变化的必要信息。由于盐度在海洋环流、水循环和全球气候中起着至关重要的作用，它在全球气候观测系统（GCOS）中已被认为是重要的气候变量之一。传统的盐度观测主要源自现场观测，如 Argo 剖面浮标、TAO-TRITON 锚定系列，以及一些走航调查等，但随着研究盐度现象的深入，现场观测盐度资料无论是在时间连续性还是空间分辨率上都已远远不能满足科学研究的需要。值得庆幸的是，欧洲土壤湿度和海洋盐度卫星（SMOS）、美国宝瓶座盐度卫星（Aquarius/SAC-D）和土壤湿度主动被动探测卫星（SMAP）的相继发射，开启了海洋盐度研究的新纪元。盐度卫星首次提供了全球范围内高覆盖率和高时间分辨率的海表盐度信息，大大拓展了过去极为有限的海洋盐度观测数据。这三颗盐度卫星以前所未有的频率、精度和高覆盖率，为研究海洋热动力学过程、水循环与气候等提供了重要的新视野，越来越多的学者开始用卫星盐度资料来揭示海洋现象。

本书是国防科技大学气象海洋学院及其合作团队多年来关于海洋盐度卫星的研究成果和工作的总结。本书共 6 章：第 1 章介绍海洋盐度研究及海洋盐度卫星现状和研究进展；第 2 章介绍海洋盐度卫星资料处理及相关产品；第 3 章介绍海洋盐度卫星产品有效分辨率特征和时空相关尺度特征；第 4 章介绍海洋盐度卫星产品误差评估与校正；第 5 章介绍海洋盐度卫星在温盐剖面重构和数据同化中的应用；第 6 章展望海洋盐度卫星未来发展趋势和国产海洋盐度卫星计划。

由于作者水平有限，书中难免有不足之处，恳请读者批评指正。

作 者

2022 年 10 月 1 日

目 录

第1章 绪　论

　　海洋盐度与海洋温度、海洋流场一起，构成海洋动力环境中最基本的三个要素。实现对海洋动力环境要素的多尺度、大范围、准实时、连续性和高时空分辨率的立体式监测，是海洋防灾减灾、海洋权益维护、海洋环境保护、海域使用管理、海上执法监察，以及海洋灾害监测与突发事件应急响应和新型海洋要素观测等领域的迫切需求。其中，海洋盐度在海洋中尺度现象、海洋热盐环流、海气相互作用和海洋水汽收支平衡等过程中起着至关重要的作用，是研究全球海洋的气候变化及天气尺度过程分析预报的重要依据。经过几十年的基于海洋浮标、科考船等传统手段观测，海洋盐度观测资料仍然极为稀缺，全球约有1/5面积海域的盐度观测数据基本为空白，难以满足科学研究和业务应用的需求。通过卫星遥感手段对海洋盐度进行观测，是大范围、连续获取海洋盐度资料的唯一可行的技术途径。

1.1　海洋盐度概述

1.1.1　重要作用和应用领域

　　海水盐度是表示海水中含盐量的一个物理量，指海水中盐类物质的质量分数，通常以单位质量（1 kg）海水中所含盐类物质（溴化物、碘化物和氯化物）的质量（g）表示，常用单位为PSU。

　　海洋盐度研究在大洋环流、海气相互作用等全球大气海洋过程中具有重要的作用：一方面，盐度影响障碍层形成、深层水团形成及热盐环流等海洋物理过程，利用盐度分布特性可以推测海洋上层垂直剖面结构、计算海洋的盐含量；另一方面，作为海气交界面处的关键要素，盐度变化与厄尔尼诺、淡水通量（蒸发与降水）等海气相互作用现象息息相关，是理解和预测气候变化必需的信息。此外，海洋盐度还可应用于海洋模式边界条件确定、海表饱和水汽压计算等领域（Qin et al., 2015；Singh et al., 2011；Helber et al., 2010；Mignot et al., 2007；Ballabrera-Poy et al., 2002）。

　　海洋盐度研究的应用领域主要有以下几个方面（张庆君 等，2017）。

　　（1）海洋环境预报。海洋盐度是影响海洋动力环境和海气相互作用、驱动全球三维海洋环流模式的一个关键因子。盐度对海洋中的热力、动力过程的影响显著，是大洋热盐环流的驱动因素之一。盐度变化决定海洋密度及浮力，控制海洋底层水的生成，影响热盐环流。海洋盐度卫星观测数据不仅能为海洋环境资料同化提供可靠的盐度观测数据，还能丰富海洋环境预报产品种类，为近海海洋养殖、海洋资源开发利用提供保障产品。海洋盐度卫星观测数据能显著改善海洋环境预报准确率，有助于提升海上活动的海洋环境预报保障服务水平。

（2）气候变化预测。海洋盐度是影响障碍层、深层水团、热盐环流等海洋物理过程的重要因素，海洋盐度在空间上的分布是模拟海洋垂直剖面结构、海洋热盐含量、海平面变化的重要数据源。海洋盐度的季节和年际变化与厄尔尼诺等海气相互作用现象息息相关，是认识和预测短期气候变化的主要信息来源。

（3）极端天气预报。近年来，全球气候变化的加剧对数值天气预报的准确性提出了更高的要求。海洋盐度变化直接影响海洋等温层间的混合及热量传输，对准确刻画海洋热力和动力过程、提高数值天气预报精度至关重要。因此，准确、可靠、连续的全球海洋盐度卫星观测数据是改进大气海洋数值模拟和天气预报准确性的重要保证，开展海洋盐度卫星资料同化对极端条件下的天气预报意义重大。

（4）水资源监测预报。海洋蒸发与降水对海洋盐度的影响最为显著。全球约86%的蒸发来自海洋，约78%的降水最终汇集到海洋，蒸发或降水将导致海洋盐度的上升或下降。海表盐度的空间分布与海表淡水通量（蒸发降水差）的空间分布具有高度的一致性。因此，海表盐度是全球降水、洪涝和干旱灾害的重要指示器。

（5）极地海冰监测。海冰对海上运输和海洋资源开发的影响极其重要，海冰面积和厚度是非常重要的物理参数，直接影响海洋-大气相互作用，反映极地冰盖冰架和临海海域的动态变化，是研究海洋-大气耦合关系的重点参数。海洋盐度观测可反映海冰厚度、面积、空间分布及冰龄等数据，为极地气候预报和临海区域气象预报提供不可或缺的信息。

（6）海洋生态预报。海洋生态系统变化的随机性是由天气过程及气候变化、大气及陆源物质输运、流场改变等外在环境的随机性，以及生态动力学的随机性等内在随机过程共同决定的，需要大量的基础数据支撑。将海洋盐度卫星观测数据输入生态模型中，可明显改善模拟的精度和提高预报的准确性，为海洋生态环境保护、资源利用和监测评估等提供决策依据。

（7）海洋渔业应用。海水盐度对生物的影响主要表现在渗透压力和比重方面。然而，海表盐度变化不像温度季节性变化那样有很强的规律，极值的出现时间也极不固定。运用卫星观测海洋盐度既能满足全球覆盖的要求，又具备定期重复观测的能力，可以揭示海洋盐度与生物种类、数量及海洋生态环境之间的关系，还可以分析海洋盐度与生物遗传变异之间的相关性，为海洋水产养殖、生物资源管理和政策制定提供科学依据。

需注意的是，不同领域对海洋盐度产品精度、空间分辨率和时间分辨率的需求差异较大（表1.1）。例如：海岸过程对盐度产品精度指标要求较低，对时间分辨率和空间分辨率指标要求较高；盐度异常与厄尔尼诺现象预报等应用对盐度产品的精度指标要求高，而对时间分辨率和空间分辨率等指标的要求不高。

表 1.1　全球海洋盐度应用需求指标

应用领域	精度/PSU	空间分辨率/km	时间分辨率
海岸过程	1	20	1~10 天
厄尔尼诺现象预报	0.1	100	1 个月
热带环流	0.3	50	1~3 天
高纬度锋/涡	0.2	50~100	10 天
水循环	0.1~1	50	1~10 天
盐度异常	0.1	100	1~6 个月
河口羽状流	0.5~1	20~50	10 天~1 个月

1.1.2　全球大洋盐度分布

海洋中的"温/盐"是两个紧密相关的要素,类似于大气中的"温/湿"。然而,与海温的准纬向分布不同,海洋盐度有着独特的分布特征和影响机理。全球大洋不同海区的海水盐度之所以会有差异,其主要的影响因素包括蒸发、降水、洋流、径流、海冰、地形等。

在南北方向(经向),海水盐度主要受蒸发降水的影响,呈现出 M 形变化趋势,即自南北半球的副热带海区向两侧的高纬度、低纬度海区递减(图 1.1):①赤道附近海区地处赤道低压带,降水量大于蒸发量,因此盐度较低;②副热带海区地处副热带高压带,蒸发量大于降水量,因此盐度较高;③自副热带向高纬度海区,温度逐渐降低,蒸发量逐渐降低,因此盐度也逐渐降低。此外,冰层的结冰和融化对该海区海水盐度影响也很大。

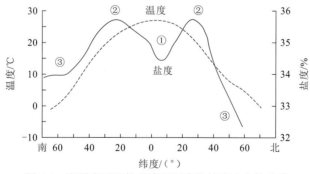

图 1.1　海洋表面平均盐度和温度按纬度分布的曲线

在东西方向(纬向),盐度一般受洋流影响,暖流流经海区盐度较高,寒流流经海区盐度较低,大洋中部盐度居中。例如:北太平洋中低纬度海区,大洋西岸为黑潮,盐度较高;大洋东岸为加利福尼亚寒流,盐度较低。近岸海水盐度还受径流淡水汇入的影响。在各大河流(如亚马孙河、刚果河、长江、密西西比河等)的入海口处,盐度较低且变化较大。例如，在我国长江口海域，冬季枯水期的海水盐度为 12 PSU，而夏季洪水季节的海水盐度仅为 2.5 PSU。

全球海洋平均盐度约为 34.7 PSU，个别海域的盐度差别较大，如地中海东部海域盐度达 39.58 PSU，而其西部海域受大西洋影响盐度约为 37 PSU。全球盐度最高的海区是红海，盐度达 40 PSU，局部高达 42.8 PSU。一是因为红海地处副热带海区，二是因为周边几乎没有淡水汇入。全球盐度最低的海区是波罗的海，海水盐度只有 10 PSU，一是因为波罗的海地处高纬海区，二是因为周围有大量淡水汇入。

1.1.3 传统观测手段

盐度作为描述海洋物理状态的变量，在全球大洋环流和全球气候变化中具有极为重要的意义。然而，由于海洋盐度资料在探测手段和信息来源方面相比海洋温度更为稀缺，全球盐度观测资料极为匮乏，大范围高精度海水盐度观测对科学家而言一直是一个巨大的挑战。20 世纪以前，海洋盐度资料的稀缺状况尤为严重，仅能利用几个航次或者一个较小区域的观测数据对盐度进行研究。为了解决海洋盐度资料匮乏的问题，除海洋科考观测外，一些长期锚系或漂流浮标观测网也相继建成，许多国际海洋观测计划，尤其是地转海洋学实时观测阵（array for real-time geostrophic oceanography，Argo）计划（也称全球海洋观测网计划）的顺利实施，大大丰富了海洋现场观测资料。

为了定量化了解全球海洋盐度观测数据情况，删除 Argo 计划的浮标数据集（统计时间范围为 1996 年 1 月～2008 年 11 月）和世界大洋数据集 WOD05（统计时间范围为 1958～2010 年）两个数据集的重复数据，并进行数量统计（王辉赞，2011）。将原始观测剖面离散深度数据垂直插值到选定的若干个标准深度层。根据各自观测时的空间位置将 Argo 和 WOD05 结合的标准层剖面数据放入 3°×3° 的网格区域。图 1.2 所示为插值到标准层后的海洋盐度观测样本数量在不同标准层深度上随时间的变化。值得注意的是，该图纵坐标为对数坐标。海洋盐度从海表层到 2 000 m 层的逐年观测样本数量在 1958～1970 年迅速上升，在 20 世纪 70 年代和 80 年代数量保持稳定。从 90 年代初到 2000 年，观测样本数量减少可能是由于相关机构未及时将数据提交至各国海洋数据中心。而从 2000 年开始，由于 Argo 计划的实施，10～2 000 m 的观测样本数量迅速增长。

在世界海洋表面大约有 5 400 个属于海洋的 3°×3° 小区域网格（由于地形原因，海洋区域网格数量随着深度变深而减少），因此即使每年能收集 27 万个全球海洋观测数据，平均每个海洋小区域网格也只有 5 个观测数据。直到 1972 年，整个世界大洋每年海表盐度测量的数量超过 2.7 次。此外，数据集中的海洋盐度观测区域分布不均，主要集中在少数几个区域：北欧沿海、北美东西部沿海和西北太平洋区域等（图 1.3）。在全球范围内存在许多观测数据稀少的地区；在海洋表层占 9.6% 的 3°×3° 海洋区域网格缺乏观测数据；31.4% 的海洋网格中观测数量不足 10 个。大多数观测稀少的地区位于南半球，特别是南大洋和北冰洋。

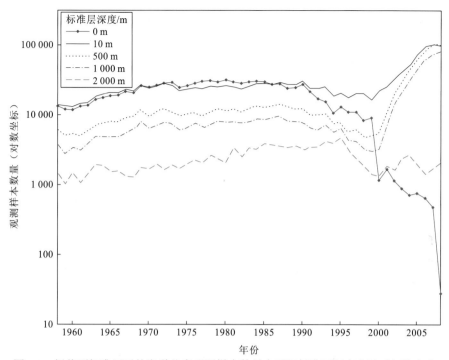

图 1.2　插值到标准层后的海洋盐度观测样本数量在不同标准层深度上随时间的变化

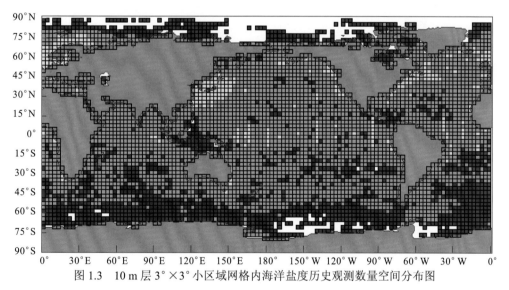

图 1.3　10 m 层 3°×3° 小区域网格内海洋盐度历史观测数量空间分布图

蓝色：观测数>10 个；绿色：观测数>100 个；黄色：观测数>1 000 个；没有颜色表示观测数不足 10 个

　　图 1.4 所示为 Argo 总的盐度观测占 WOD05 总的盐度观测的百分比，由于 WOD05 数据几乎涵盖了世界各国的各种数据源数据，所以该数据集可以近似看成历史盐度观测数据。从图中可以看出，Argo 浮标观测盐度的出现，显著改善盐度观测数量主要为南半球位置，在海洋中层超过了 WOD05 数据的历史盐度观测数量总和。改善效果呈中间层改善多，浅层和更深层改善少，其中以在 1 750 m 深度附近改善最大。这是由于表层的 WOD05 资料数量很多，Argo 增加改善效果有限。历史盐度观测数据总体集中在海洋上

层,中下层观测相对较少,因此 Argo 浮标观测的出现使中下层观测量改善明显。而 Argo 浮标设计观测深度目标为 2 000 m,但由于各种原因,部分浮标观测深度不足 2 000 m,导致 2 000 m 层的 Argo 数据偏少,从而改善效果不明显。总而言之,Argo 观测对历史观测剖面资料数量进行了极大补充,尤其对次表层的观测改善效果十分明显。

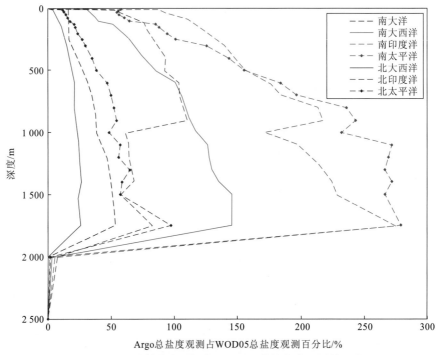

图 1.4　Argo 总的盐度观测占 WOD05 总的盐度观测的百分比

　　Argo 计划自 1998 年开始实施以来,浮标观测剖面数量不断增多,至 2007 年底全球 Argo 观测网初步建成,实现了在全球大洋中布放 3 000 个浮标的预期目标。Argo 观测网是目前人类历史上建成的唯一一个全球海洋立体观测系统。2013 年,在建成"核心 Argo"的基础上,随着剖面浮标技术的不断创新发展,Argo 计划又提出继续向有冰覆盖的两极海区、赤道、西边界流区和重要边缘海(包括日本海、地中海、黑海、墨西哥湾和南中国海等)拓展,建成至少由 4 000 个剖面浮标组成的"全球 Argo"海洋观测网,并派生出了"生物地球化学 Argo(BGC-Argo)"和"深海 Argo(Deep-Argo)"两个子计划。截至 2022 年 12 月,全球海洋正在正常工作的 Argo 浮标达 3 892 个(图 1.5)。为响应联合国"海洋十年"计划提出的可持续发展目标,包括中国在内的 19 个国家、36 名 Argo 科学组(Argo science team,AST)及执委会成员共同提交了由"核心 Argo"向全球、全水深和多学科综合性观测网拓展的"One Argo"行动方案,该方案已于 2021 年 10 月正式获得联合国"海洋十年"的批准。"One Argo"行动方案计划将"核心 Argo"转变为一个真正具有全球影响力的海洋观测网。Argo 观测网每年可提供十万多条温盐剖面记录,可以快速、准确、大范围收集海洋温盐观测剖面信息(王辉赞 等,2012)。然而,从全球平均来看,目前 Argo 浮标大约 300 km 每 10 天提供一个温盐剖面,观测资料仍然较为稀少,且时空分布不均匀。

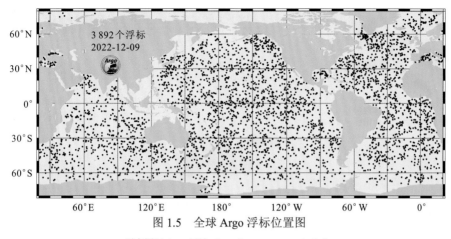

图 1.5　全球 Argo 浮标位置图

引自国际 Argo 网站（http://www.argo.ucsd.edu/）

海洋科考观测、漂流浮标和 Argo 浮标等直接获取的盐度数据覆盖范围和连续性非常有限,时空分辨率远不能满足海洋科学研究和业务应用所需的海洋盐度精细化观测需求。因此,研制海洋盐度探测卫星,利用天基遥感手段对海洋盐度进行探测,可提高海洋动力环境的信息获取能力,适应大范围高分辨率中尺度海洋现象观测需求,同时可为天气气候模式提供更好的背景场和再分析产品,提高天气预报和气候预测能力。目前,天基遥感海洋盐度观测技术属于国际热点和前沿技术。

1.2　海洋盐度卫星发展概述

虽然 Argo 剖面观测资料在全球盐度研究中起着不可替代的作用,但鉴于其空间和时间分布的不均匀,表层盐度观测资料的匮乏仍是一个显著的缺点。因此,将卫星遥感应用于海洋盐度观测是一个重要手段和发展趋势。在 2009 年和 2011 年,欧洲土壤湿度和海洋盐度(soil moisture and ocean salinity,SMOS)卫星和美国宝瓶座(Aquarius/SAC-D)盐度卫星相继发射,加上 2015 年美国国家航空航天局(National Aeronautics and Space Administration,NASA)发射的土壤湿度主动被动(soil moisture active and passive,SMAP)探测卫星,大大弥补了全球海区盐度观测资料的不足(图 1.6;Reul et al.,2020)。

1.2.1　SMOS 卫星

SMOS 卫星(图 1.7)于 2009 年 11 月发射,它是欧洲航天局(European Space Agency,ESA)地球探测者机遇任务的第二颗卫星,主要投资来自法国和西班牙。合成孔径微波成像辐射计(microwave imaging radiometer using aperture synthesis,MIRAS)是搭载于 SMOS 卫星的唯一有效载荷,它是一个工作在微波 L 频段、多角度、全极化的二维干涉辐射计。SMOS 卫星首次实现了从太空遥感测量盐度(Boutin et al.,2012)。微波 L 频段 1.413 GHz 避免了人为辐射噪声,把大气层、天气和地表植被等造成的干扰降至最低,

Aquarius/SAC-D
辐射计和散射计
空间分辨率：90~150 km
幅宽：390 km
重访周期：约7天
入射角：29°，38°，46°
全极化
2011年6月发射

SMOS
干涉辐射计
空间分辨率：约40 km（30~80 km）
幅宽：1 000 km
重访周期：2~3天
入射角：0~60°
全极化
2009年11月发射

SMAP
辐射计和SAR
空间分辨率：40 km
幅宽：1 000 km
重访周期：2~3天
入射角：40°
全极化
2015年1月发射

图 1.6　海洋盐度卫星主要参数及发射时间线

同时保证了对土壤湿度和海洋盐度的最大敏感度。MIRAS 主要测量天线之间收集的信号，这些天线安装在可展开的 Y 形结构的 69 个接收器的阵列中，Y 形结构每个臂长约 4 m。MIRAS 提供了时间积分内（1.2～3.6 s，取决于极化的采集周期）沿轨道采集的亮温（brightness temperature，TB）"快照"，视域（field of view，FOV）宽度约为 1 000 km，平均像素值为 43 km，最大重访周期为 3 天。SMOS 卫星的测量目标精度为 0.1 PSU，时空分辨率为 200×200 km^2/10 天或 100×100 km^2/30 天（Font et al.，2010）。但截至目前，SMOS 卫星在开阔海域的盐度反演精度实际上未能达到 0.1 PSU 指标要求，在中低纬度地区的盐度反演精度为 0.2～0.4 PSU，在高纬度地区的盐度反演精度约为 0.5 PSU。

图 1.7　SMOS 卫星

SMOS 卫星的在轨应用取得了如下成就。

（1）在轨验证了综合孔径辐射计技术在海洋盐度探测中的应用。

（2）采用二维综合孔径探测体制，能够对目标进行多入射角探测，提高反演精度，并能大大提高无线电频率干扰（radio frequency interference，RFI）检测能力。

但 SMOS 卫星未能达到设计指标，也暴露了如下问题。

（1）缺乏校正要素信息的同步测量手段，使用预报数据校正因素效果并不理想，造成盐度产品精度难以满足要求。

（2）综合孔径辐射计的相位一致性、稳定性较差，影响探测精度和稳定度，且没有对天线采用温控技术，导致观测亮温误差较大。

（3）没有 RFI 抑制技术，在轨受到 L 波段 RFI，导致部分区域的观测数据无法获取。

1.2.2 Aquarius/SAC-D 卫星

Aquarius/SAC-D（以下简称 Aquarius）卫星（图 1.8）于 2011 年 6 月发射，它是 NASA和阿根廷空间局的合作项目成果。Aquarius 卫星采用主被动结合的工作体制，有效载荷包括 4 个 L 波段传感器，即 3 个被动微波辐射计（中心频率为 1.413 GHz）和 1 个主动微波雷达散射计（中心频率为 1.26 GHz）。3 个被动微波辐射计用于探测海表发射率以计算盐度，1 个主动微波雷达散射计用于同步探测海浪以进行海面粗糙度校正（Le Vine et al.，2010），散射计和辐射计共用 3 个馈源的推扫式偏置抛物面天线，交替观测同一海面区域，产生的 3 个波束的入射角分别约为 29°、38° 和 46°，宽度为 90~150 km，形成一个宽 390 km 的扫描带。Aquarius 卫星约每 7 天覆盖全球，任务要求达到空间分辨率为 100~150 km、精度为 0.2 PSU 的月平均海表盐度场（Lagerloef et al.，2015）。研究表明，在大多数海域 Aquarius 卫星盐度数据的均方根偏差（root mean square deviation，RMSD）小于 SMOS 产品（Bao et al.，2019；Dinnat et al.，2014）。遗憾的是，2015 年 6月该卫星由于电力故障提前停止工作。

图 1.8 Aquarius 卫星

Aquarius 卫星取得了如下成就。

（1）主被动方式在盐度探测中可同步获取粗糙度信息，提高了盐度反演精度。

（2）采用高稳定度、高灵敏度的辐射计系统实现了高精度的盐度探测。

Aquarius 卫星存在如下主要问题。

（1）采用真实孔径体制，与 SMOS 卫星相比，其空间分辨率低（100 km）、观测幅宽小（390 km）、重访周期长，影响最终月平均盐度精度，未能完全实现设计指标和满足应用需求（图 1.9）。

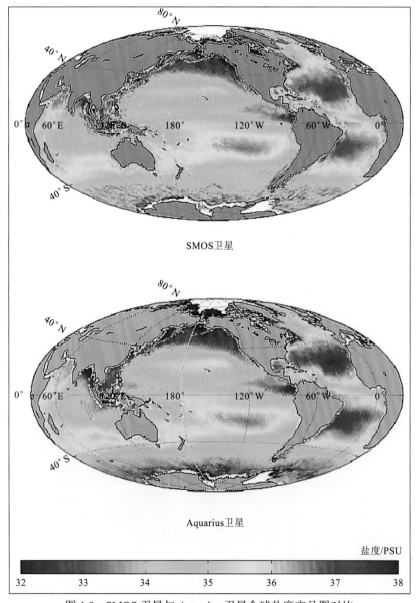

图 1.9　SMOS 卫星与 Aquarius 卫星全球盐度产品图对比

（2）没有 RFI 抑制技术，在轨受到 L 波段 RFI，导致部分区域的观测数据无法获取。

1.2.3 SMAP 卫星

NASA 的 SMAP 卫星（图 1.10）于 2015 年 1 月发射。尽管 SMAP 卫星的任务目标为测量土壤湿度，但它与 Aquarius 卫星相似，也可用于测量海表盐度（Entekhabi et al.，2010）。与 Aquarius 卫星相比，SMAP 卫星能提供更高时空分辨率的盐度产品。SMAP 卫星载荷包括一个 L 波段雷达和一个 L 波段辐射计（宽幅单通道），中心频率分别为 1.26 GHz 和 1.41 GHz。两个载荷共享一个直径约 6 m 的大口径网状反射式天线，天线采用锥形扫描方式，入射角约为 40°。为了实现较大的覆盖率，天线以 14.6 rad/min 的速度旋转，形成宽 1 000 km 的观测带，2～3 天覆盖全球。但 2015 年 7 月，NASA 宣布 SMAP 卫星的主动雷达停止工作，并于当年 9 月正式宣布雷达失效，这意味着 SMAP 卫星的成像分辨率从 9 km 降至 40 km，但天线和辐射计依然可以正常工作，只是对地面无线信号干扰更为敏感。在 40°S～40°N，SMAP 卫星海表盐度观测与 Argo 浮标盐度观测之间的均方根偏差约为 0.25 PSU。相较于 SMOS 卫星和 Aquarius 卫星，SMAP 卫星海表盐度研究和应用较少，但就目前来看，SMAP 卫星海表盐度数据具有独特的质量优势和良好的应用潜力。

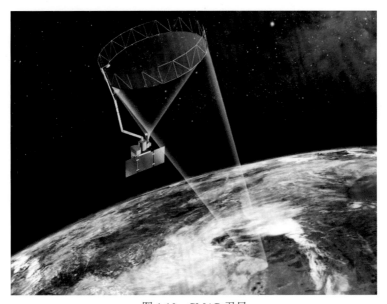

图 1.10　SMAP 卫星

SMOS、Aquarius 和 SMAP 三颗卫星的相继发射，实现了从太空进行海表盐度遥感观测，提供了较高时空分辨率的海表盐度数据，大大拓展了过去极为有限的盐度观测途径（Yin et al.，2012），为监测和分析中小尺度海表盐度变化，以及海表盐度与海洋热动力过程（D'addezio et al.，2016a；Grodsky et al.，2014）、水循环（Fournier et al.，2016；Zeng et al.，2014）和气候变化（Bao et al.，2020；D'addezio et al.，2016b；Tzortzi et al.，2016；Du et al.，2015；Menezes，2014）的关系提供了重要的新视野和新机遇（Font et al.，2013）。由于三颗卫星在反演算法、时空分辨率、轨道宽度、辅助数据、误差校正策略等方面的差异，其数据产品的质量也有所不同。表 1.2 总结了 SMOS、Aquarius 和 SMAP 三颗卫星的主要特征参数。

表 1.2 三颗卫星的主要特征参数

特征参数	SMOS 卫星	Aquarius 卫星	SMAP 卫星
辐射计频率/GHz	1.41	1.41（辐射计） 1.26（散射计）	1.41（辐射计） 1.26（SAR）
天线类型	Y 形二维稀疏天线阵 （0.165 m）	抛物面反射器（2.5 m）和三馈源	抛物面反射器（6 m）和单馈源
辐射计装置	69 个接收器	3 个接收器	1 个接收器
扫描方式/入射角	圆锥扫描：入射角在 0°～60°变化	推扫式：入射角 29.2°、38.48°和 46.3°	圆锥扫描：入射角 40°
极化方式	H，V	H，V（辐射计） HH，HV，VV，VH（散射计）	H，V（辐射计） HH，HV，VV，VH（散射计）
轨道高度/km	755	657	685
最大重访时间/天	3	7	3
单轨采样时间/s	1.2～3.6	1.44	0.017
校准精度要求/K	0.2～1	0.1～0.2	1.3
传感器	辐射计（MIRAS）	辐射计和散射计	SAR 和辐射计
刈幅/km	1 000	390	1 000
空间分辨率/km	40（30～80）	90～150	40
Stokes 参数	4 Stokes	3 Stokes	4 Stokes
表面粗糙度校正	风场数据	散射计数据	风场数据
介电常数模型文献来源	Klein 等（1977）	Meissner 等（2012）	Meissner 等（2012）
辅助数据	World Ocean Atlas 2009	Scripps Argo	Hybrid Coordinate Ocean Model
定标场	太平洋区域	全球	全球

除 SMOS、Aquarius 和 SMAP 三颗卫星外，我国通过借鉴国际上在轨运行的盐度卫星应用经验，计划于"十四五"期间发射海洋盐度卫星，详细介绍见本书 6.2 节。

参 考 文 献

王辉赞, 2011. 基于 Argo 的全球盐度时空特征分析、网格化产品重构及淡水通量反演研究. 南京: 解放军理工大学.

王辉赞, 张韧, 王桂华, 等, 2012. Argo 浮标温盐剖面观测资料的质量控制技术. 地球物理学报, 55(2):

577-588.

张庆君, 殷小军, 蒋昱, 2017. 发展海洋盐度卫星完善我国海洋动力卫星观测体系. 航天器工程, 26(1): 1-5.

BALLABRERA-POY J, MURTUGUDDE R, BUSALACCHI A J, 2002. On the potential impact of sea surface salinity observations on ENSO predictions. Journal of Geophysical Research: Oceans, 107(12): 8007.

BAO S, WANG H, ZHANG R, et al., 2019. Comparison of satellite-derived sea surface salinity products from SMOS, Aquarius, and SMAP. Journal of Geophysical Research: Oceans, 124(3): 1932-1944.

BAO S, WANG H, ZHANG R, et al., 2020. Spatial and temporal scales of sea surface salinity in the tropical Indian Ocean from SMOS, Aquarius and SMAP. Journal of Oceanography, 76(5): 389-400.

BOUTIN J, MARTIN N, YIN X, et al., 2012. First assessment of SMOS data over open ocean: Part II-sea surface salinity. IEEE Transactions on Geoscience and Remote Sensing, 50(5): 1662-1675.

D'ADDEZIO J M, SUBRAHMANYAM B, 2016a. Sea surface salinity variability in the Agulhas Current region inferred from SMOS and Aquarius. Remote Sensing of Environment, 180: 440-452.

D'ADDEZIO J M, SUBRAHMANYAM B, 2016b. The role of salinity on the interannual variability of the Seychelles-Chagos thermocline ridge. Remote Sensing of Environment, 180: 178-192.

DINNAT E P, BOUTIN J, YIN X, et al., 2014. Inter-comparison of SMOS and Aquarius sea surface salinity: Effects of the dielectric constant and vicarious calibration. Proceedings of 13th Specialist Meeting on Microwave Radiometry and Remote Sensing of the Environment: 55-60.

DU Y, ZHANG Y, 2015. Satellite and Argo observed surface salinity variations in the tropical Indian Ocean and their association with the Indian Ocean dipole mode. Journal of Climate, 28(2): 695-713.

ENTEKHABI D, NJOKU E G, O'NEILL P E, et al., 2010. The soil moisture active passive (SMAP) mission. Proceedings of the IEEE, 98(5): 704-716.

FONT J, CAMPS A, BORGES A, et al., 2010. SMOS: The challenging sea surface salinity measurement from space. Proceedings of the IEEE, 98(5): 649-665.

FONT J, BOUTIN J, REUL N, et al., 2013. SMOS first data analysis for sea surface salinity determination. International Journal of Remote Sensing, 34(9-10): 3654-3670.

FOURNIER S, LEE T, GIERACH M M, 2016. Seasonal and interannual variations of sea surface salinity associated with the Mississippi River plume observed by SMOS and Aquarius. Remote Sensing of Environment, 180: 431-439.

GRODSKY S A, REVERDIN G, CARTON J A, et al., 2014. Year-to-year salinity changes in the Amazon plume: Contrasting 2011 and 2012 Aquarius/SAC-D and SMOS satellite data. Remote Sensing of Environment, 140: 14-22.

HELBER R W, RICHMAN J G, Barron C N, 2010. The influence of temperature and salinity variability on the upper ocean density and mixed layer. Ocean Science Discussions, 7(4): 1469-1495.

KLEIN L, SWIFT C, 1977. An improved model for the dielectric constant of sea water at microwave frequencies. IEEE Journal of Oceanic Engineering, 25(1): 104-111.

LAGERLOEF G, KAO H Y, MEISSNER T, et al., 2015. Aquarius salinity validation analysis: Data Version 4.0.

Aquarius Project Document, 18: 1-36.

LE VINE D M, LAGERLOEF G S E, Torrusio S E, 2010. Aquarius and remote sensing of sea surface salinity from space. Proceedings of the IEEE, 98(5): 688-703.

MEISSNER T, WENTZ F J, 2012. The emissivity of the ocean surface between 6 and 90 GHz over a large range of wind speeds and earth incidence angles. IEEE Transactions on Geoscience and Remote Sensing, 50(8): 3004-3026.

MENEZES V V, VIANNA M L, PHILLIPS H E, 2014. Aquarius sea surface salinity in the South Indian Ocean: Revealing annual-pericd planetary waves. Journal of Geophysical Research: Oceans, 119(6): 3883-3908.

MIGNOT J, DE BOYER MONTÉGUT C, LAZAR A, et al., 2007. Control of salinity on the mixed layer depth in the world ocean: 2. Tropical areas. Journal of Geophysical Research: Oceans, 112(10): 1-12.

QIN S, ZHANG Q, YIN B, 2015. Seasonal variability in the thermohaline structure of the Western Pacific Warm Pool. Acta Oceanologica Sinica, 34(7): 44-53.

REUL N, GRODSKY S A, ARIAS M, et al., 2020. Sea surface salinity estimates from spaceborne L-band radiometers: An overview of the first decade of observation (2010-2019). Remote Sensing of Environment, 242(10): 34-45.

SINGH A, DELCROIX T, 2011. Estimating the effects of ENSO upon the observed freshening trends of the Western Tropical Pacific Ocean. Geophysical Research Letters, 38(21): 1-6.

TZORTZI E, SROKOSZ M, GOMMENGINGER C, et al., 2016. Spatial and temporal scales of variability in Tropical Atlantic sea surface salinity from the SMOS and Aquarius satellite missions. Remote Sensing of Environment, 180: 418-430.

YIN X, BOUTIN J, SPURGEON P, 2012. First assessment of SMOS data over open ocean: Part I-Pacific Ocean. IEEE Transactions on Geoscience and Remote Sensing, 50(5): 1648-1661.

ZENG L, TIMOTHY LIU W, XUE H, et al., 2014. Freshening in the South China Sea during 2012 revealed by Aquarius and in situ data. Journal of Geophysical Research: Oceans, 119(12): 8296-8314.

第2章 海洋盐度卫星资料处理及产品

海洋盐度卫星在仪器观测、亮温重构、盐度反演、网格化处理等环节的分析处理工作取得了积极进展，但是作为当前国际热点、难点问题之一，盐度分析处理技术仍存在许多不足之处，还需要相关领域研究者持续合作来共同解决。掌握海洋盐度卫星资料处理及产品情况是解决上述问题的基础。本章首先从辐射传输模型和海洋盐度探测影响因素等方面介绍海洋盐度遥感探测原理；然后介绍卫星盐度产品处理流程，重点是轨道级盐度反演产品和格点盐度产品；最后介绍当前SMOS、Aquarius和SMAP三颗卫星盐度业务分析产品及其融合产品，为了解海洋盐度卫星产品的整体状况和进行后续质量控制提供参考信息。

2.1 海洋盐度遥感探测原理

2.1.1 辐射传输模型

1. 辐射传输模型函数

海洋和大气辐射传输模型是星载海洋盐度遥感测量的基础，描述测量亮温与反演参数之间的关系。如图2.1所示，星载微波辐射计观测的天线亮温包括上行大气辐射亮温、反射的下行大气辐射亮温、宇宙背景噪声辐射亮温、海洋表面的直接辐射，其中，反射的下行大气辐射和海洋表面的直接辐射同时被大气衰减。

辐射传输模型函数的具体表达式为

$$T_{B\_sum} = T_{BU} + \tau e T_S + \tau r(T_{BD} + \tau T_{BC}) \tag{2.1}$$

式中：T_{B_sum}为大气、海洋和宇宙背景总的辐射亮温；T_{BU}为上行大气辐射亮温；T_{BD}为下行大气辐射亮温；T_{BC}为宇宙背景噪声辐射亮温；τ为大气透过率；T_S为海表温度；e、r分别为海面发射率和反射率，且$e+r=1$。

与盐度直接相关的海面辐射亮温T_B定义为海面发射率e和海表温度T_S的乘积（即$T_B = eT_S$），与式（2.1）等号右侧第二项相关。T_B可分解为两部分：

$$T_B(SSS, SST, w, \varphi) = T_{B0}(SSS, SST) + T_{Bw}(w, \varphi) \tag{2.2}$$

式中：$T_{B0}(SSS, SST)$为平静海面的微波辐射产生的海面亮温，SSS（sea surface salinity）和SST（sea surface temperature）分别为海表盐度和海表温度，SST即为T_S；$T_{Bw}(w, \varphi)$为风诱导的粗糙海面与电磁波相互作用产生的海面亮温校正项，w、φ分别为风速和风向。

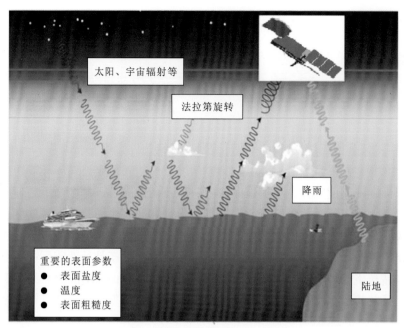

图 2.1　海水盐度观测机理示意图

从观测原理来看，海水盐度的改变会影响海水本身的介电常数，进而影响海面的发射率，形成不同的微波辐射亮温。图 2.2 显示了不同观测频率下微波辐射亮温对不同地球物理参数的敏感性变化曲线。从图中可以看出：辐射亮温仅在微波低频段（约 1.4 GHz）对海洋盐度敏感，随着频率的增加敏感性迅速降低；而在微波低频段，辐射亮温对海面风速、海温、水汽、液态水等参数的敏感性也相对较小。因此，微波低频段是开展盐度探测的理想频段。

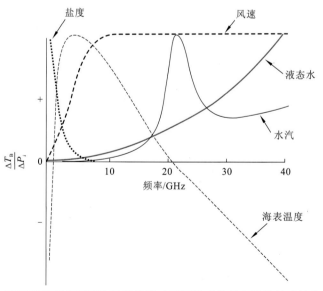

图 2.2　不同观测频率下微波辐射亮温对不同地球物理参数的敏感性变化曲线

$\Delta T_B / \Delta P_i$：微波辐射亮温相对频率变化率

在微波低频段，根据国际电信联盟（International Telecommunication Union，ITU）的频率使用规定，仅在 L 波段有 27 MHz 频谱带宽资源（1.400～1.427 GHz）被保留用作无源的射电天文观测及对地观测，这也是目前星载海洋盐度探测所能使用的最佳频段。

2. 平静海面发射率与海水盐度的关系

平静海面的发射率仅与海表温度、海表盐度、电磁波频率和极化状态有关。对于所有电介质和导电体材料，在远离吸收带的频率，可使用德拜方程（Debye equation）计算复相对电容率（复介电常数）ε_r。在小于 10 GHz 的频率范围，Klein 等（1977）在淡水和盐水实验测量的基础上，获得了德拜方程中各个参数的解析表达式。

图 2.3 是根据 Klein 等（1977）提出的参数估计公式和德拜方程进行计算获得的复相对电容率（复介电常数）ε_r 的实部和虚部随电磁波频率变化的关系曲线。该图显示了在 1～2 GHz 的频率范围内，复相对电容率随盐度不同有明显差异。这个特性具有重要意义：盐度变化引起复相对电容率 ε_r 变化；复相对电容率变化引起菲涅耳（Fresnel）反射率 ρ 变化；根据基尔霍夫定律（Kirchhoff laws），菲涅耳反射率变化引起海面发射率 e 变化；海面发射率 e 变化引起海面辐射亮温 T_B 变化。海表盐度的微波遥感正是利用了这个特性。

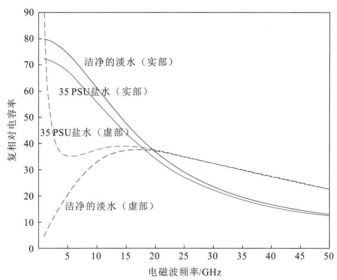

图 2.3 20 ℃时淡水和 35 PSU 盐水的复相对电容率的实部和虚部与电磁波频率的关系曲线

3. 平静海面亮温与海水盐度的关系

平静海面的水平方向亮温 T_{Bh} 和垂直方向亮温 T_{Bv} 的计算式分别为

$$T_{Bh} = \left[1 - \left| \frac{\cos\theta - \sqrt{\varepsilon_r - \left(\dfrac{n}{n'}\right)^2 \sin^2\theta}}{\cos\theta + \sqrt{\varepsilon_r - \left(\dfrac{n}{n'}\right)^2 \sin^2\theta}} \right|^2 \right] T_S \tag{2.3}$$

$$T_{\mathrm{Bv}} = \left[1 - \left| \frac{\varepsilon_{\mathrm{r}} \cos\theta - \sqrt{\varepsilon_{\mathrm{r}} - \left(\dfrac{\boldsymbol{n}}{\boldsymbol{n'}}\right)^2 \sin^2\theta}}{\varepsilon_{\mathrm{r}} \cos\theta + \sqrt{\varepsilon_{\mathrm{r}} - \left(\dfrac{\boldsymbol{n}}{\boldsymbol{n'}}\right)^2 \sin^2\theta}} \right|^2 \right] T_{\mathrm{S}} \qquad （2.4）$$

式中：θ 为观测角或入射角；ε_{r} 为海水的复介电常数；T_{S} 为海表温度；$\boldsymbol{n}$ 为复折射率；$\boldsymbol{n'}$ 为复折射率 $\boldsymbol{n}$ 的实部，代表电磁波的折射率；h 为水平方向；v 为垂直方向。

基于式（2.4）的计算模型开展定量分析发现，在观测角度较小的条件下，平静海面的自发辐射而产生的海面亮温 T_{Bh} 及 T_{Bv} 随着海表盐度近似地呈线性关系变化。尽管海水的介电常数对盐度变化非常敏感，但辐射亮温相对介电常数的变化却并不显著。例如，0.1 PSU 的海水盐度变化仅能引起零点几开的亮温变化。图 2.4 为辐射计观测亮温与海洋盐度及海表温度的关系曲线，在 32~37 PSU 的典型海洋盐度变化范围内，辐射计所能观测到的最大亮温变化值（高温海域）约为 4 K。因此，要实现对海洋盐度的高精度测量，仪器需要具备高灵敏度、高稳定度的特性。按照现有遥感器技术水平，灵敏度、稳定度均需要达到 0.1 K 量级，星载海洋盐度探测必须选用高灵敏度、高稳定度的 L 波段（1.4 GHz）微波辐射计。

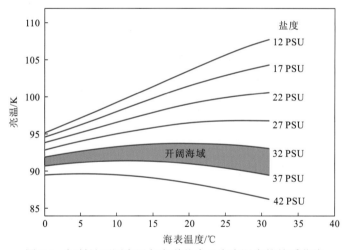

图 2.4 辐射计观测亮温与海洋盐度及海表温度的关系曲线

2.1.2 海洋盐度遥感探测影响因素

平静海面的微波亮温与海表盐度的关系构成了星载海洋盐度探测的理论基础。实际上利用星载微波辐射计观测海洋盐度时还将受诸多外部因素的影响，需要采取相应的方法进行校正。这些外部影响因素主要包括以下几项。

1. 海面粗糙度

实际海面并不是理想的平静水面，受风等因素影响所导致的海面粗糙度的变化，会引起海面的微波亮温变化。风通过促使海面粗糙度增加、白帽和泡沫的覆盖面积扩大这两类效应使海表亮温升高。仿真结果表明，由 1 m/s 风速误差造成的海面粗糙度变化会带来 0.4～1.3 PSU（对应 L 波段亮温 0.13～0.43 K）的盐度观测误差。

海面粗糙度是盐度反演最主要的误差源，要实现高精度海洋盐度探测，必须对海面粗糙度影响进行同程观测校正。按照现有遥感器技术水平，可实现等效 L 波段亮温 0.15 K 的校正精度。

2. 海表温度

从微波辐射测量的机理来看，海面亮温等于海表温度乘以发射率，因此，海表温度直接影响辐射亮温的测量。仿真分析表明，1 K 海表温度变化会带来 0.1～0.4 PSU（对应 L 波段亮温 0.03～0.13 K）的盐度观测误差，特别是在高纬度冷水区域，海表温度的影响更为显著。

海表温度是盐度反演第二重要的误差源，为实现高精度海洋盐度探测，同样需要对其影响进行同程观测校正。按照现有遥感器技术水平，可实现等效 L 波段亮温 0.1 K 的校正精度。

3. 宇宙辐射

在 L 波段，宇宙银河系及各种天体（主要是太阳系）是强烈的微波辐射源，这些目标的微波辐射通过天线旁瓣或海面散射进入辐射计观测系统，成为当前星载海洋盐度探测不可忽略的外部干扰源之一。宇宙辐射主要集中在银河盘，最强的辐射源来自温度为 16 K 的银河系中心，其频率为 1.4 GHz。相关研究结果表明，太阳在 L 波段是极强的辐射源。

根据现有的数据模型和实测数据处理经验，对宇宙辐射和大气进行校正后的残余误差在 0.1 K 量级。

4. 大气和电离层

对于频率小于 3 GHz 并且通过电离层传播的电磁波，电离层的影响不能忽略。电磁波穿越大气电离层时在辐射极化面中被旋转一个角度，即法拉第旋转。对卫星遥感而言，法拉第旋转是一种潜在的误差源，由于法拉第旋转效应，海面微波辐射到达传感器时，不同极化的辐射亮温已经被混合。为了提高卫星遥感盐度反演精度，在全路径微波辐射传输模型中必须引入法拉第旋转效应，并与大气辐射传输方程结合成准确的全路径微波辐射和后向散射系数传输方程。

根据现有的数据模型和实测数据处理经验，对大气和电离层影响进行校正后的残余误差在 0.1 K 量级。

5. 无线电频率干扰

虽然卫星的工作频段受 ITU 条例的保护，原则上可认为不受电磁波辐射的干扰，但是在近岸海域，RFI 依然会严重影响 L 波段辐射信号。RFI 是影响近岸海域盐度卫星遥感精度的主要因子。RFI 的有源信号远比自然辐射信号强，甚至会造成探测数据完全无法使用。RFI 对海洋观测的影响来自两个方面：一是陆地强干扰源通过旁瓣污染近岸海洋视场；二是海洋上还存在少量来自船舶的 RFI 干扰源。从 SMOS 卫星、Aquarius 卫星及一些机载/地基 L 波段辐射计系统的试验结果来看，目前 L 波段存在的 RFI 问题比较严重，尤其是在西北太平洋和地中海地区。这些 RFI 的来源多种多样，包括各种雷达、民用无线电广播及通信设备。因此，为确保海洋盐度探测成功，海洋盐度卫星需要具备 RFI 的检测和抑制能力，消除或降低 RFI 对探测数据的影响。

6. 入射角

除上述影响要素和系统误差外，海洋盐度随着海面探测入射角变化，敏感度也相应改变。因此，对 L 波段辐射亮温的多入射角测量有利于减小模型不确定性，提高探测质量。根据卫星平台的探测条件，入射角范围可达 $0° \sim 65°$。

2.2 卫星盐度产品处理

海表盐度产品通常分为以下几个级别。

（1）Raw：卫星接收到的原始格式资料，即国际空间数据系统咨询委员会（Consultative Committee for Space Data Systems，CCSDS）格式的星上数据。

（2）L0：对 Raw 格式化后得到的源格式资料，即带有头文件的星上数据。

（3）L1a：对 L0 进行单位转换和校准后得到的校正可见度。

（4）L1b：对 L1a 进行图像重构后得到的天线极化参照系下亮温的傅里叶分量，即以仪器快照为单位的亮温。

（5）L1c：对 L1b 亮温进行地理定位重组后得到的天线极化参照系下的二十面体施耐德等面积（icosahedral Snyder equal area，ISEA）网格上以轨道为单位的亮温。

（6）L2：对 L1c 亮温进行迭代反演后得到的 ISEA 网格上基于不同反演算法的轨道级海表盐度场及相应的不确定度。

（7）L3：对 L2 海表盐度进行时空重组后得到的不同时空分辨率的网格化海表盐度场及相应的不确定度。例如 SMOS 卫星为 $200 \times 200 \ \text{km}^2/10$ 天、$100 \times 100 \ \text{km}^2/30$ 天。

（8）L4：由 L3 海表盐度与浮标、模式等其他数据融合后得到的改进的、精度更高的海表盐度场及一些衍生产品，如密度场、雨量分布等。

2.2.1 L1/L2 产品处理

1. 正演模型和反演方案

根据介电常数函数，海面亮温 T_B 是海表发射率 e 和海表温度 SST 的函数，即 $T_B = e\text{SST}$，e 为海水的相对复介电常数 ε_r 的函数，ε_r 又与海表盐度 SSS、海表温度 SST、

电磁波频率 f、入射角 θ、极化方式 p 和海面粗糙度 r（风场 W）等因素相关，即 T_B 可表示为

$$T_B = T_B(e(\varepsilon_r(\text{SSS},\text{SST},f,\theta,p,r,\cdots)),\text{SST}) = T_B(\text{SSS},\text{SST},f,\theta,p,r,\cdots) \qquad (2.5)$$

海表盐度反演算法通常基于一个迭代反演方案。以 SMOS 卫星为例，该方案以最小化不同入射角的观测亮温 T_B^{meas} 和模式亮温 T_B^{mod} 之差为目标。迭代初始时目标变量被赋予一个初值，通过反复迭代优化该值，直至达到模式输出值与观测值之间的误差最小二乘的最佳拟合（Marquardt，1963），得到目标变量最优值及其最优估计方差（Waldteufel et al.，2003）。其代价函数为

$$\chi^2 = \sum_{n=1}^{N} \frac{[T_{Bn}^{\text{meas}} - T_{Bn}^{\text{mod}}(\lambda_n, X_i, \cdots)]^2}{\sigma_{T_{Bn}}^2} + \sum_{n=1}^{M} \frac{(X_i - X_i^{\text{prior}})^2}{\sigma_{X_i^{\text{prior}}}^2} \qquad (2.6)$$

式中：T_{Bn}^{meas} 为亮温观测值；T_{Bn}^{mod} 为亮温模式输出值；λ_n 为入射角、方位角、电子总数等已知参数；X_i 为海表盐度 SSS、海表温度 SST、风速 WS、风向 WD 等目标变量；X_i^{prior} 为 X_i 的相应初值即辅助数据（Sabia et al.，2006），目前来自欧洲中期天气预报中心（European Centre for Medium-Range Weather Forecasts，ECMWF），它是迭代过程中的物理约束，但其中不包括 SSS，即迭代过程中 SSS 不受先验信息约束；$\sigma_{T_{Bn}}^2 = \sigma_{T_{Bn}^{\text{meas}}}^2 + \sigma_{T_{Bn}^{\text{mod}}}^2$ 为亮温的不确定性，$\sigma_{T_{Bn}^{\text{meas}}}^2$ 为观测噪声，$\sigma_{T_{Bn}^{\text{mod}}}^2$ 为模型估计误差；$\sigma_{X_i^{\text{prior}}}^2$ 为 X_i 的先验方差估计；N 为不同入射角、不同极化方式的观测个数；M 为辅助参数个数。

观测亮温 T_B^{meas} 通过对海面微波观测进行辐射校正得到（即 L1c 产品），T_B^{meas} 受各种噪声影响。为此，SMOS 卫星利用干涉技术，在对地球表面同一位置的测量过程中，可以通过许多不同入射角和不同极化方式得到不同的观测值，从而共同减小噪声的影响（Camps et al.，2005）。合成孔径微波成像辐射计 MIRAS 利用排列于三个臂上的 69 个天线元素，根据极化方式的不同，每隔 1.2 s 采集一组单位视域（FOV）的数据，由地面数据处理站进行转换校准、图像重构、地理投影等操作，得到以半轨道为单位的 L1c 产品。该产品每个格点中包含大量（20～240 个）不同入射角的观测亮温，以及入射角、方位角、仪器位置、辐射精度、法拉第角等信息。极化方式有双偏振（H、V）和全偏振（H、V、X、Y）两种可选模式，目前业务上一般使用全偏振模式，该模式可以获得亮温的全部 4 个斯托克斯（Stokes）分量以提供更多信息用于估计法拉第旋转效应及辐射干扰等。T_B^{meas} 在使用前需经过筛选处理，超出模式亮温一定阈值范围、靠近陆地（Zine et al.，2007）、观测数目较少、缺少辅助数据、雨量较大、外部噪声污染过多或海冰过多的格点数据均被剔除。经过筛选后，若观测数量小于一定阈值的格点则不执行反演方案。Aquarius 卫星可以利用 3 个微波辐射计，以垂直和水平偏振方式、三种不同入射角测量亮温。

正演模型 $T_B^{\text{mod}}(\cdot)$ 综合考虑了海面（介电常数模型，海面粗糙度模型、泡沫）、天体（太阳、月亮等天体辐射，银河系辐射）、大气（电离层效应即法拉第旋转、大气辐射、衰减和吸收、降水等天气现象）等各种因素的影响，其中最核心的是介电常数模型和粗糙度

模型。具体地说，$T_\text{B}^\text{mod}(\cdot)$ 用 Klein 等（1977）的模型计算海水介电常数，用不同模型计算海面粗糙度这一最重要的影响因素。

图 2.5 给出了 SMOS 卫星海表盐度反演的算法流程图。

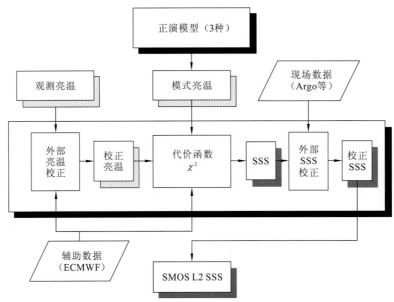

图 2.5　SMOS 卫星海表盐度反演算法流程图

2. 观测亮温误差来源和移除

L1 阶段的主要误差是辐射敏感度误差，因为亮温对盐度的敏感度低且依赖海温。其他误差源包括法拉第旋转，月球、行星、银河系噪声，日光、大气影响，亮温系统偏差等。下面以 SMOS 卫星为例展开介绍。

1）辐射计信号漂移

SMOS 卫星观测亮温随时间变化表现出长期和短期漂移现象（Martin et al.，2011）。具体来说，SMOS 卫星亮温图像在很大程度上是由合成孔径微波成像辐射计的 3 个参考辐射计单元即噪声注入辐射计（noise injection radiometers，NIR）决定的，而由轨道的晨昏位置变化引起的太阳直接加热和由星系反射辐射加热变化、季节更替引起的温度变化等都会导致辐射计数据接收漂移。可运用外部目标观测（external target observation，ETO）方法（Kainulainen et al.，2011），基于简单天空参照物研究 NIR 的短期稳定性和长期稳定性，并将参照物扩展到太平洋和南极洲等其他目标，归纳、提取校正系数，改进热力学天线模型。除了时间稳定性，亮温的空间稳定性也需要进行分析（Brogion et al.，2011）。上升和下降轨道间的差异也是一个重要的误差来源，它一方面体现在由探测器位置不同而引起的温度差异，另一方面体现在由运行方向不同引起的陆地或海冰污染区域差异。

2）近陆污染

由于陆面和海面辐射性质的显著差异，靠近陆地一定范围区域的亮温需做剔除处理，即使距离稍远不做剔除，也应进行标记以示陆地的潜在影响。当大片陆地进入卫星扫描范围，亮温漂移形态会有一个显著的扭曲。近陆污染主要体现在亮温图像重构环节上，对盐度反演精度产生严重影响，在对反演算法和分析处理程序完善、更正后，近陆污染会大为减少。

3）无线电频率干扰

研究发现，受 RFI 影响的区域主要集中在北大西洋、地中海、北印度洋、中国近海等区域。目前相对有效的移除方法一是利用全偏振特性获取更多信息，二是只采用六边形即视场中心区域内的亮温测值（Font et al.，2010）。另外，利用航空微波遥感实验进行校正也是一个正在探索的方法。2010 年在比斯开湾进行的 CAROLS 辐射计航空实验也证实了在比斯开湾的 SMOS 卫星下降轨道数据受到了 RFI 影响。

4）海洋目标变换

仪器校正后仍然存在亮温偏差，若该偏差沿轨道或在不同轨道的空间分布基本不变，则属系统误差，可通过经验性的海洋目标变换（ocean target transformation，OTT）方法移除（Meirold et al.，2009）：对于多个观测点，用正演模型和辅助数据计算伪亮温，观测亮温与伪亮温之差的空间平均定义为仪器误差引入的偏差，用观测亮温减去该偏差得到校正亮温。Gourrion 等（2011）和 Talone 等（2010）改进了海洋 OTT 方法，但无法彻底消除亮温的长期漂移。是否需要运用时变海洋 OTT 方法及使用视场中的哪部分观测数据和运用何种极化方式，都是使用海洋 OTT 方法时需要考虑的问题。

3. 正演模型及反演算法改进

L2 阶段的主要误差包括正演模型误差和辅助数据误差，其中最大误差源来自风浪引起的海面粗糙度效应。对于 SMOS 卫星，风速风向等粗糙度描述量来自欧洲中期天气预报中心或美国国家环境预报中心（National Centers for Environmental Prediction，NCEP）；对于 Aquarius 卫星，除了 NCEP 的风速风向数据，另一载荷即 L 波段（1.26 GHz）雷达散射计可同时测量海面后向散射以改进粗糙度校正效果。

L 波段海面粗糙度模型的不确定性首先反映在模型的多样性方面（Zine et al.，2008）。例如，SMOS 卫星同时使用三个粗糙度模型：双尺度模型（Dinnat et al.，2003）、小坡度近似模型（Johnson et al.，1999）和半经验模型（Gabarro et al.，2004）。相同卫星的不同海表盐度分析产品所用粗糙度模型也不同。

海面粗糙度最重要的影响因素是风速。卫星与现场资料的差异分布表明（Yin et al.，2011）：T_B 与 WS 属于非线性函数关系，粗糙度模型的误差随风速增大（12 m/s 以上）而增大，但在南大洋大风区 SMOS 卫星反演的海表盐度场整体偏小。因此，粗糙度模型参数都需通过实际数据来进一步拟合和优化。此外，针对 SMOS 卫星提出的三种新的粗糙度模型（Guimbard et al.，2011），突破了一直以来用 T_B 与 WS 的线性关系来描述粗糙度模型的局限，其刻画了 T_B 与 WS 的非线性关系，但这些模型在大风环境下运用仍存在较大偏差。

除粗糙度外，银河系噪声的影响也在模型中得到了考虑和相应的优化。但是由于仪器误差的存在，正演模型调整仍很困难，仅能对模型本身进行改进。同时，风速仅刻画了海面粗糙度的一阶近似，海况、大气稳定性、海流等不容忽视的影响因素（某些海区的影响幅度可达 1 K）仍未得到充分考虑。

2.2.2 L3/L4 产品处理

在 L3 阶段，大量含噪声的 L2 数据融合生成格点产品。L2 级产品的时空分辨率很高、数据量非常大，同时由于反演算法的复杂性，其观测误差也大于可接受的范围（误差约为 1 PSU）。以 SMOS 卫星为例，根据轨道中位置的不同，L2 级海表盐度的误差在中心为 0.5 PSU，而在边缘可达 1.7 PSU。因此，对 L2 级产品进行网格化处理，进一步得到 L3 级标准化产品，这样既可降低时空分辨率、减少数据量、提高产品精度，也可提供更便于研究和应用的分析产品（图 2.6）。这一过程主要包括：选择所用的观测资料；选择分析产品的空间格点和时间间隔；选择投影方法和分析参数进行偏差校正；在某些情况下，还需要进行适当的滤波以抑制高频能量，包括信号和噪声。

图 2.6　SMOS 卫星海表盐度 L3 级客观分析产品

以 SMOS 卫星为例，不同格点产品可以通过不同方法得到。其中，L3-1/1b 采用加权平均法（两种模型采用不同的时空窗口），得到分析值 x^a 及其估计误差 $\sigma_{x^a}^2$：

$$x^a = \frac{\sum_i x_i / \sigma_i^2}{\sum_i 1 / \sigma_i^2}, \quad \sigma_{x^a}^2 = \frac{1}{\sum_i 1 / \sigma_i^2} \tag{2.7}$$

式中：σ_i 为 L2 观测值 x_i 的观测误差，由观测点在 FOV 中的位置和其他外源误差决定。

而 L3-2 和 L3-3 产品均采用最优插值（optimal interpolation，OI）处理，但时空窗口选择不同（Jorda et al.，2010）。OI 处理中给出了 L3 格点上的分析场向量 x^a 及分析场误差估计 $\text{var}(\varepsilon^a)$（Bretherton et al.，1976）：

$$x^{\mathrm{a}} - x^{\mathrm{b}} = S^{\mathrm{T}} \cdot (B + R)^{-1} \cdot (d^{\mathrm{obs}} - d^{\mathrm{b}}) \tag{2.8}$$

$$\mathrm{var}(\varepsilon^{\mathrm{a}}) = \mathrm{var}(\varepsilon^{\mathrm{b}})\,\mathrm{diag}(I - S^{\mathrm{T}} \cdot (B + R)^{-1} \cdot S) \tag{2.9}$$

式中：x^{b} 为 L3 格点上的背景场向量；S 为观测点和 L3 格点间的相关系数矩阵；B 为观测点间相关系数矩阵；R 为观测误差的相关系数矩阵；d^{obs} 为观测值向量；d^{b} 为观测点上的背景场向量；$\mathrm{var}(\varepsilon^{\mathrm{b}})$ 为观测场方差即信号方差；diag 为对角值。

SMOS 卫星的 L3-3a/b 级产品是由 L3-3 产品分别进行季节和年平均得到的。在 L4 阶段，遥感盐度与现场观测等其他类型数据或温度等其他要素数据进行融合。

2.3 卫星盐度业务分析产品

2.3.1 SMOS 卫星盐度分析产品

SMOS 卫星盐度分析产品主要包括以下两大类。

1. SMOS-CATDS 分析产品

法国海洋研究院 SMOS 卫星数据小组（Centre Aval de Traitement des Données SMOS，CATDS）发布的 SMOS-CATDS 分析产品，最初包括 6 种不同分辨率，即 0.25°、0.50° 和 1.00° 分辨率的 10 天平均产品和 0.25°、0.50° 和 1.00° 分辨率的月平均产品。产品以 ESA 的 L1b 数据为输入，由极化天线亮温估计出第一 Stokes 亮温，然后对上升/下降轨道分别进行入射角分组、样本压缩和格点化处理，得到 25 km 分辨率的每日数据。亮温进行仪器误差、地球物理变化、无线电频率干扰等校正后，用于反演海表盐度。粗糙度校正使用的是小坡度近似模型（Johnson et al.，1999）。利用轨道一致性检验过滤掉盐度异常值后，通过简单平均得到 L3 数据。

最新版本的 SMOS CEC（CATDS Expert Center）Locean debiased L3 产品为 0.25°×0.25°、9 天平均的数据集，其融合了 CATDS 制作的 RE05 版本 L2 数据，并引入了新的校正方案，包括改进的滤波方法和季节变化纬向系统误差的校正（Boutin et al.，2018）。

2. SMOS-BEC 分析产品

西班牙 SMOS 巴塞罗那专家中心（SMOS Barcelona Expert Center，SMOS-BEC）发布两种月平均 0.25°×0.25° 分辨率产品，即最优插值产品（L3）和融合产品（L4）。其输入场为 ESA 的 L2 再处理数据，依据 L2 自带的质量控制信息（主要包括地球物理过滤、反演过滤和几何过滤）剔除不可靠盐度值。SMOS-BEC L2 产品基于半经验粗糙度模型（Guimbard et al.，2012）。

SMOS-BEC L3 的 9 天滑动平均数据集，空间分辨率为 0.25°×0.25°，内含高分辨率（high-resolution，HR）和低分辨率（low-resolution，LR）两种产品。高分辨率产品为散点数据平均到网格生成，低分辨率产品由高分辨率产品区域平均（binned）到 0.25°

的矩形网格上，然后通过 50 km 高斯滤波进行平滑处理。该数据集由去偏差非贝叶斯算法反演得到，可有效校正空间偏差（Olmedo et al.，2017）。

SMOS-BEC L4 产品通过基于奇异值分析的融合方法得到（Turiel et al.，2009）。SST 产品具有高噪声变量 SSS 产品的目标分辨率，且精度比 SSS 高，因此可用 SST 作为模板，还原 SSS 奇异值的拓扑结构，即 SSS = $a \times$ SST + b，其中 a 和 b 分别为局部斜率和拦截系数。

2.3.2　Aquarius 卫星盐度分析产品

Aquarius 卫星分析产品由 NASA 喷气推进实验室（NASA Jet Propulsion Laboratory，NASA/JPL）的物理海洋学分布式档案中心（Physical Oceanography Distributed Active Archive Center，PODAAC）发布，包括两种月平均和 7 天平均的 1°×1° 分辨率产品。

Aquarius L3 产品由 L2 数据用简单平均方法投影到 1° 网格得到。L2 盐度反演采用了一个基于卫星发射后实际 Aquarius 卫星观测的海面粗糙度模型（Meissner et al.，2012），同时使用散射计测值和 NCEP 风速风向进行粗糙度校正。

Aquarius CAP L3 区别于标准 L3 产品的是，为消除标准反演算法中 NECP 辅助风速数据误差（尤其是高风速条件下的误差），以及风速数据和 Aquarius 卫星采样时间不一致的影响，使用一种主动-被动联合（combined passive and active，CAP）算法，在不使用 NCEP 风场的条件下，同时反演得到盐度场和风场（Yueh et al.，2012）。Aquarius 卫星在 2015 年 6 月以后失效，数据产品不再发布。

2.3.3　SMAP 卫星盐度分析产品

SMAP SSS L3 的 0.25°×0.25°、8 天滑动平均数据集有两个版本，即 40 km 版本和 70 km 版本。其中，40 km 版本由根据 Aquarius V5.0 反演算法改编的地球物理模型直接反演获得（Meissner et al.，2018），即采用 40 km 空间分辨率 Backus-Gilbert 型最优插值，而后重新采样到 0.25°×0.25° 网格上，得到 sss_smap_40 km（缩写为 SMAP_40 km）。在 40 km 版本的基础上，通过将 8 个相邻的格点进行平滑处理，得到 70 km 版本，即 sss_smap_70 km（缩写为 SMAP_70 km）。该版本在开阔海域的噪声低于 SMAP_40 km 产品，通常用于科学应用，也是官方建议版本。值得注意的是，得益于机载 RFI 过滤设备，SMAP 卫星在墨西哥湾等 RFI 污染区域得到的数据更可靠（Fournier et al.，2015）。

2.3.4　多星融合分析产品

欧洲航天局气候变化倡议（European Space Agency-Climate Change Initiative，ESA-CCI）海表盐度逐周滑动平均的逐日产品是最近几年发布的卫星盐度融合产品，该产品融合了 SMOS L2 ESA-OSv622/CATDS RE05、Aquarius L3 和 SMAP L2 三种最新版本的卫星盐度产品，并经过一系列的校准和校正，可以达到全球相当于 Argo 均方根偏差

（RMSD）为 0.16 PSU 的高质量水平。需要注意的是，ESA-CCI SSS 产品是目前唯一的多平台卫星盐度观测融合产品。

参 考 文 献

BOUTIN J, VERGELY J L, VIALARD J, 2018. New SMOS sea surface salinity with reduced systematic errors and improved variability. Remote Sensing of Environment, 214(5): 115-134.

BRETHERTON F, DAVIS R, FANDRY C, 1976. A technique for objective analysis and design of oceanic experiments applied to Mode-73. Deep-Sea Research, 23: 559-582.

BROGION M, MACELLONI G, PETTINATO S, et al., 2011. Results of the Domex-2 experiment: Comparison between SMOS and radomex data collected at concordia base antarctica// 1st SMOS science workshop, Arles, France.

CAMPS A, VALL-LLOSSERA M, BATRES L, et al., 2005. Retrieving sea surface salinity with multiangular L-band brightness temperatures: Improvement by spatio-temporal averaging. Radio Science, 40: 1-13.

DINNAT E P, BOUTIN J, CAUDAL G, et al., 2003. Issues concerning the sea emissivity modeling at L band for retrieving surface salinity. Radio Science, 38(4): 8060-8070.

FONT J, BOUTIN J, REUL N, et al., 2010. Overview of SMOS Level 2 ocean salinity processing and first results// Geoscience and Remote Sensing Symposium (IGARSS), 2010 IEEE International.

FOURNIER S, CHAPRON B, REUL N, 2015. Comparison of spaceborne measurements of sea surface salinity and colored detrital matter in the Amazon plume. Journal of Geophysical Research: Oceans, 120(5): 3177-3192.

GABARRO C, FONT J, CAMPS A, et al., 2004. A new empirical model of sea surface microwave emissivity for salinity remote sensing. Geophysical Research Letters, 31(1): 1-5.

GOURRION J, SABIA R, PORTABELLA M, et al., 2011. Improving SMOS salinity retrieval: Systematic error diagnostic// 1st SMOS Science Workshop, Arles, France.

GUIMBARD S, GOURRION J, VENDRELL L, 2011. SMOS ocean forward model: Roughness models improvement// 1st SMOS Science Workshop, Arles, France.

GUIMBARD S, GOURRION J, PORTABELLA M, et al., 2012. SMOS semi-empirical ocean forward model adjustment. Geoscience and Remote Sensing, 50(5): 1676-1687.

JOHNSON J T, ZHANG M, 1999. Theoretical study of the small slope approximation for ocean polarimetric thermal emission. Geoscience and Remote Sensing, 37 (5): 2305-2316.

JORDA G, GOMIS D, 2010. Accuracy of SMOS Level 3 SSS products related to observational errors. Geoscience and Remote Sensing, 48(4): 1694-1701.

KAINULAINEN J, MARTIN-NEIRA M, CLOSA J, et al., 2011. Performance and stability of the SMOS reference radiometers: Status of investigations after 20 months of operation// 1st SMOS Science Workshop, Arles, France.

KLEIN L, SWIFT C, 1977. An improved model for the dielectric constant of sea water at microwave frequencies. Journal of Ocean Engineering and Science, 2(1): 104-111.

MARQUARDT D W, 1963. An algorithm for least-squares estimation of non-linear parameters. International Journal of Applied Mathematics and Computer Science, 11(2): 431-441.

MARTIN N M, CORBELLA I, TORRES F, et al., 2011. Overview: MIRAS instrument performance and status of RFI//1st SMOS Science Workshop, Arles, France.

MEIROLD M I, MUGERIN C, VERGELY J L, et al., 2009. SMOS ocean salinity performance and TB bias correction//Proceedings of EGU General Assembly 2009, Vienna, Austria.

MEISSNER T, WENTZ F J, LE VINE D M, 2018, The salinity retrieval algorithms for the NASA Aquarius version 5 and SMAP version 3 releases. Remote Sensing, 10(7): 34-42.

MEISSNER T, WENTZ F, HILBURN K, et al., 2012. The Aquarius salinity retrieval algorithm. IEEE International Geoscience And Remote Sensing Symposium, Munich, Germany.

OLMEDO E, MARTÍNEZ J, PORTABELLA M, 2017. Debiased non-Bayesian retrieval: A novel approach to SMOS sea surface salinity. Remote Sensing of Environment, 193: 103-126.

SABIA R, CAMPS A, VALL-LLOSSERA M, et al., 2006. Impact on sea surface salinity retrieval of different auxiliary data within the SMOS mission. Geoscience and Remote Sensing, 44(10): 2769-2778.

TALONE M, GOURRION J, GONZALEZ V, et al., 2010. SMOS' brightness temperatures statistical characterization//IGARSS 2010 proceedings, Honolulu, HA, USA.

TURIEL A, NIEVES V, GARCÍA-LADONA E, et al., 2009. The multifractal structure of satellite sea surface temperature maps can be used to obtain global maps of streamlines. Ocean Science, 5(4): 447-460.

WALDTEUFEL P, BOUTIN J, KERR Y, 2003. Selecting an optimal configuration for the soil moisture and ocean salinity mission. Radio Science, 38(3): 8051-8066.

YIN X B, BOUTIN J, MARTIN N, et al., 2011. Sea surface roughness and foam signature onto SMOS brightness temperature and salinity//1st SMOS Science Workshop, Arles, France.

YUEH S, CHAUBELL H J, 2012. Sea surface salinity and wind retrieval using combined passive and active L-band microwave observations. Geoscience and Remote Sensing, 50(4): 1022-1032.

ZINE S, BOUTIN J, WALDTEUFEL P, et al., 2007. Issues about retrieving sea surface salinity in coastal areas from SMOS data. Geoscience and Remote Sensing, 45(7): 2061-2072.

ZINE S, BOUTIN J, FONT J, et al., 2008. Overview of the SMOS sea surface salinity prototype processor. Geoscience and Remote Sensing, 46(3): 621-645.

第 3 章　海洋盐度卫星产品尺度特征

　　海洋盐度卫星提供全球范围高时空分辨率的海表盐度产品，可用于研究多尺度海表盐度的变化。考虑盐度在时间上从日到月、季和年，空间上从中小尺度到区域和全球都有分量，区分各类遥感盐度分析产品在不同频谱上的误差特征和比较优势就显得至关重要。同时，由于不同盐度卫星在反演算法、时空分辨率、轨道宽度和制作方法的差异，其网格产品的尺度特征也不尽相同，需要对影响有效分辨率的多种要素进行综合对比判别，为用户正确使用产品提供参考。本章将对卫星海洋盐度产品的有效分辨率特征和时空相关尺度特征进行分析。

3.1　有效分辨率特征

　　海表盐度分析产品处理的主要原则是根据不同的资料状况和目标需求，在降低误差（表征每个格点上分析值的准确性）和增加分辨率（表征各个格点分析值组合起来描述某尺度物理现象的能力）之间达到平衡。近年来，有关 SMOS 卫星和 Aquarius 卫星盐度资料及其分析产品的误差特征已有研究（Boutin et al.，2014；Drucker et al.，2014；Hernandez et al.，2014），而很少有研究关注其分辨率问题。在相当多的情况下，分析产品的"名义分辨率"并不等同于"有效分辨率"：名义分辨率指产品的格点距离，表示能被分辨出来的最小可能尺度；有效分辨率指产品能有效分辨、描述和解释的尺度，由输入观测、格点距离、投影方法、分析参数（如相关尺度、信噪比）等共同决定。可见，分析产品的有效分辨率与其制作过程紧密相关。

　　海表盐度分析产品制作过程如下。首先，选择所用的观测资料；其次，选择分析产品的空间格点和时间间隔；接着，选择相应投影方法和参数进行偏差校正；最后，在有些情况下，需要进行适当的滤波（包括信号和噪声）以抑制高频能量。每一环节的不同选择或设定都会影响最终的分析结果。关于观测资料（L2 级数据）的特征，Drucker 等（2014）计算出全球 Aquarius V2.5 L2 轨道数据与 1 天时间窗口内对应位置 Argo 散点观测间的标准差为 0.42 PSU。Mannshardt 等（2016）通过对比分析 Aquarius V3.0 L2 轨道数据和 Argo 散点观测的时空概率分布函数（probability distribution functions，PDF），指出 Aquarius 卫星数据的低尾偏长偏厚、样本值相对偏低。这些研究排除了外部平滑等过程对独立观测的干扰，主要用于遥感盐度观测的偏差校正。关于时空网格的特征及其影响，Tong（2016）比较了几种不同空间分辨率（1°×1°，3°×3°，10°×10°）的 Aquarius V4.0 和 Argo 格点产品在描述盐度时间变化上的一致性，指出在热带海域空间分辨率为

10°×10°的 Aquarius 卫星盐度资料的精度最高；Bhaskar 等（2015）比较了几种不同时间分辨率（每日、每周、每月）的 Aquarius V3.0 格点产品和 Argo 格点产品之间的均方根偏差、偏差和相关系数在热带印度洋的分布，指出二者在描述盐度季节变化方面的一致性。这些研究给出了遥感盐度资料描述季节、年际等不同时间尺度变化及中小尺度、大尺度等不同空间尺度变化的精确性。关于相关尺度的特征，Tzortzi 等（2016）基于 4 种盐度产品（SMOS、CATDS-CECOS L3/L4、Aquarius、SMI-L3/CAP-RC-L3），分析了热带大西洋海表盐度的时空变化相关尺度及不同产品的分辨率、偏差校正和平均方法等特性与相关尺度的关系；Bingham 等（2017）基于全球 Aquarius V4.0 L3/L4 盐度数据和蒸发降水数据，研究了海表盐度和海表淡水强迫的时空相关尺度之间的不一致性。这些相关尺度研究提供了海表盐度的时空变率、演变模态、物理过程和控制机理的重要信息。

以上研究得到了许多一致结论，例如遥感盐度观测及其分析产品在高纬度和近岸海域的误差较大，而在热带和副热带海域的误差较小等。但这些结论都是对各遥感盐度产品的整体误差特征而言的，并没有明确地区分同一产品在不同空间频谱上的盐度信号和误差特征。事实上，无论是轨道级遥感观测与散点 Argo 观测之间的对比，还是遥感格点产品与 Argo 格点产品之间的对比，都存在一定程度的空间尺度不匹配和混淆现象，即次网格盐度变化在遥感数据中被轨道平均或格点平均过滤掉了，但其仍部分反映在 Argo 数据中。例如，Vinogradova 等（2013）利用 1/12° HYCOM 再分析产品在某些盐度高变率海域（如西边界流海域）发现了小于 1°×1° 空间尺度、高达 1 PSU 的显著盐度变化。同样，上述对比在时间尺度方面也存在混淆现象。因此，区分各类遥感盐度分析产品在不同频谱上（本章主要关注空间频谱）的误差特征和比较优势就显得至关重要，而这正是"有效分辨率"的内涵和意义所在。同时，各种遥感盐度分析产品（包括 SMOS 卫星与 Aquarius 卫星之间、SMOS 卫星或 Aquarius 卫星内部不同产品之间）的处理方法有着显著差异，需要对影响有效分辨率的多种要素进行综合对比判别，而这也是之前研究没有关注过的。

在盐度资料精细化分析方面，最大的问题是缺乏足够分辨率且高精度的对比验证资料，Argo 资料精度可靠但分辨率较低，而模式产品分辨率较高但精度并不可靠。因此，本节借助多种方法的综合应用来弥补这一不足，从深入研究海表盐度分析产品的处理流程入手，综合运用定性分析和谱分析方法，辅以误差分析方法，对目前国际上几种主要海表盐度分析产品的有效分辨率特征及其关键影响因子进行分析，为用户了解产品的有效分辨率、正确使用产品提供一些参考。

3.1.1 海表盐度分析产品

为了便于比较，根据覆盖全球范围、具有月分辨率、在 2011～2012 年的共同时段内可以获取等标准，从 SMOS 卫星和 Aquarius 卫星相关产品中选取 6 种海表盐度分析产品，其基本参数见表 3.1。

表 3.1　所用海表盐度分析产品参数对比

产品名称	空间分辨率/(°)	时间分辨率	输入数据	投影方法	起始时间（年/月）
SMOS-CATDS L3	0.25	每月	SMOS -L1b	简单平均	2010/05
	1.00	每月		简单平均	
SMOS-BEC L3	0.25	每月	SMOS L2（0.25°格点平均）	最优插值	2010/01
SMOS-BEC L4	0.25	每月	SMOS L2（0.25°格点平均）	谱分析	2010/01
Aquarius V2.0 L3	1.00	每月	Aquarius L2	简单平均+局部平滑	2011/09
Aquarius V2.0 CAP	1.00	每月	Aquarius L2（CAP 算法）	简单平均	2010/09

3.1.2　有效分辨率特征分析

1. 定性图像分析

本小节对一些盐度空间变化剧烈的海域，如海表盐度梯度较大的热带西太平洋和北美西海岸，中尺度变化显著且盐度观测噪声较大的西北太平洋等进行定性图像分析。

图 3.1 所示为 6 种分析产品在热带西太平洋的海表盐度场。从图中可以看出：CATDS-0.25°场有着密集的中小尺度结构；其他 5 种分析场的形态较为均匀光滑，都清晰描绘出了 34.8 PSU 等值线标识的西太平洋盐度锋（Western Pacific salinity front，WPSF）。与

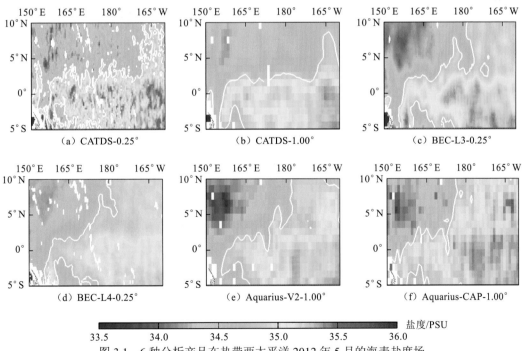

图 3.1　6 种分析产品在热带西太平洋 2012 年 5 月的海表盐度场

粗白线为表征西太平洋盐度锋位置的 34.8 PSU 等值线

BEC-L3 场相比，BEC-L4 场分布形态一致，但振幅显著减小，例如，西北区域的负异常和东南区域的正异常的振幅都显著偏小。与 Aquarius-V2 相比，Aquarius-CAP 场在整个海域的等值线分布形态比较杂乱。

图 3.2 给出了图 3.1 所示海域相应的盐度场梯度分布情况。从图中可以看出：CATDS-0.25° 场显示出密集的小尺度结构，几乎看不出盐度的自然变化；WPSF 特征在 BEC-L3 中最为明显，而在 BEC-L4 中最不明显；在 CATDS-1.00°、Aquarius-V2 和 Aquarius-CAP 中，WPSF 的位置和边缘较为模糊，主要是因为它们 1° 的名义分辨率与 BEC-L3-0.25° 场的名义分辨率相比过于粗糙，分辨不出该海域的一些中小尺度盐度空间变化特征。

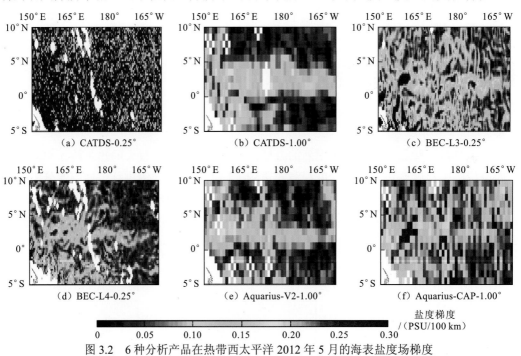

图 3.2　6 种分析产品在热带西太平洋 2012 年 5 月的海表盐度场梯度

图 3.3 所示为北太平洋黑潮延伸体海域的盐度场梯度。从图中可以看出：CATDS-0.25° 场充满小尺度噪声；BEC-L3 场的中尺度特征明显；BEC-L4 海表盐度梯度绝对值偏小，表明 BEC-L4 产品在处理过程中似乎被过度平滑了；CATDS-1.00° 和 Aquarius-V2 海表盐度梯度表征的峰区位置和强度特征基本一致；Aquarius-CAP 表现出明显的人工痕迹，其中沿卫星轨道方向的清晰条纹垂直穿插峰区而过，这在热带西太平洋海域也较为明显（图 3.2），原因可能是使用了散射计载荷观测且没有进行平滑滤波，导致盐度场保留了 Aquarius 卫星的沿轨采样形态。

图 3.4 所示为上升流较强的美国西海岸海域盐度场梯度。从图中可以看出：CATDS-0.25° 的海表盐度梯度很强，但充满噪声；在其他分析产品中，近岸海域较强的海表盐度梯度对应与加利福尼亚涡旋和海流相联系的峰区；CATDS-1.00° 的近岸海域梯度强度适中；BEC-L4 和 BEC-L3 的盐度梯度基本一致，说明在近岸海域 BEC-L4 信号特征并没有被显著削弱；近岸盐度梯度在 Aquarius-V2 中难以识别，但范围与其他场一致；Aquarius-CAP 的近岸海域梯度被沿轨形态打乱。

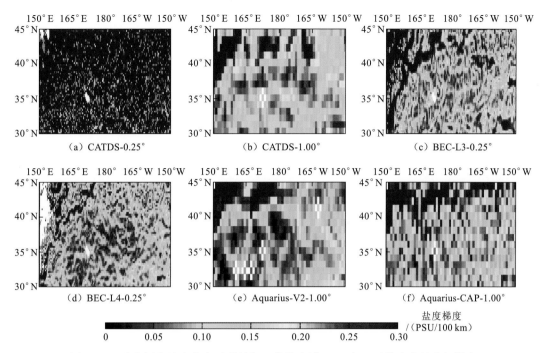

图3.3　6种分析产品在北太平洋黑潮延伸体海域2012年5月的海表盐度场梯度

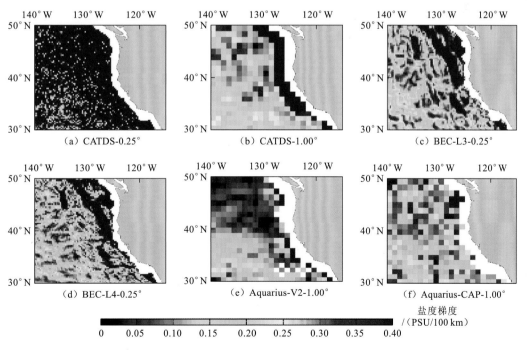

图3.4　6种分析产品在美国西海岸2012年5月的海表盐度场梯度

2. 纬向波数谱分析

波数谱即以波数为横轴绘制的功率谱，可通过傅里叶变换得到波数和谱能量表示，用于衡量产品的有效分辨率。分别选取太平洋和大西洋的 3 个不同纬度的开阔海域，计算 6 种分析产品的纬向波数谱能量密度，在每个海域，对 2011～2012 年每个月的盐度场沿每个纬度的所有格点进行波数谱分析，然后将所有单独的谱对所有纬度和 24 个月进行平均，得到最终的波数谱，如图 3.5 所示。

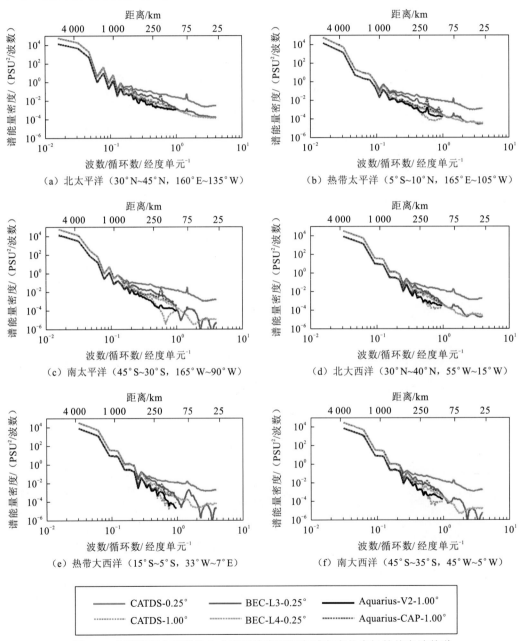

（a）北太平洋（30°N~45°N，160°E~135°W）

（b）热带太平洋（5°S~10°N，165°E~105°W）

（c）南太平洋（45°S~30°S，165°W~90°W）

（d）北大西洋（30°N~40°N，55°W~15°W）

（e）热带大西洋（15°S~5°S，33°W~7°E）

（f）南大西洋（45°S~35°S，45°W~5°W）

图 3.5　太平洋和大西洋各 3 个不同纬度开阔海域海表盐度场的纬向波数谱

图 3.5 所有子图的一个共同特征是：在小于 500 km（太平洋）或 300 km（大西洋）的波长范围，CATDS-0.25°场比其他 5 个分析场的谱能量要高得多。在大部分海域，CATDS-0.25°场的谱能量密度（简称谱能量）随纬向波数 k 衰减的程度约为 k^{-2}；相较而言，BEC-L3 和 BEC-L4 的谱能量随波数的变化为 $k^{-3} \sim k^{-4}$；CATDS-1.00°、Aquarius-V2 和 Aquarius-CAP 的谱能量变化曲线更短且更陡峭。在最大波数处，CATDS-0.25°场比其他场的谱能量平均高 1 个（北半球）到 2 个（南半球）量级。然而，CATDS-0.25°场相较其他分析场具有完全不同的谱特性，并不一定全是表征数据噪声，更确切的结论需要结合误差分析判定。

BEC-L3 和 BEC-L4 谱能量的差别并不出乎意料。在最大波长处，尤其是在 25～100 km 的特征尺度区间，BEC-L4 的谱能量在南大洋（包括热带大西洋）显著偏小（除了在 BEC-L3 出现部分不规则"跳跃"的频段上）、在北大西洋（包括热带太平洋）稍微偏小。这与图 3.1～图 3.3 中 BEC-L4 产品被削薄的海表盐度形态相一致。BEC-L4 偏小的中尺度能量可能与 BEC-L4 产品制作时采用的奇异值分析中使用了海表温度模板有关，奇异值分析方法潜在地削弱了海表盐度极值。对于 BEC-L3 产品，其高频能量是否与噪声有关需要进行进一步的误差分析。

图 3.5 所有子图的另一个共同特征是：从大约 300 km 到尼奎斯特（Nyquist）频率处（即 100 km），Aquarius-CAP 产品海表盐度场的谱能量比 Aquarius-V2 和 CATDS-1.00°产品明显要高。结合图 3.1～图 3.4 可知，Aquarius-CAP 产品在这些尺度上的较高能量很可能是盐度场"轨道形态"的表现。相应地，Aquarius-V2 产品的较低能量则正是由平滑滤波过程消除了这种轨道形态造成的，因为未平滑版本的 Aquarius-V2 产品的谱能量几乎与 Aquarius-CAP 产品完全一样。CATDS-1.00°场的较低谱能量表明，CATDS 产品的简单平均过程削弱了这些尺度上的盐度信号。

3. 均方根误差分析

进一步对 6 种产品的均方根误差进行分析，对比验证数据来自法国海洋开发研究院 Coriolis 数据中心的 CORA3 数据集。该数据集包含多年的 Argo 浮标、抛弃式温度剖面测量仪（expendable bathy thermograph，XBT）、温盐深（conductivity，temperature，depth，CTD）仪、锚定浮标等多种平台的现场观测资料。为保证精度一致性，选用其中的 Argo 浮标数据，对其进行质量控制并插值到包含 0 m 层在内的 152 个标准层上。对于某个时次（如 2011 年 5 月 15 日）、某个空间点的 Argo 剖面的近海表盐度值，选取对应时次（如 2011 年 5 月）、距离该空间点最近的遥感盐度值作为该 Argo 海表盐度值的配对，并选取 9 个不同的海域，分别计算 2011～2012 年所有时次分析产品与现场观测资料之间的均方根误差（图 3.6）。

由图 3.6 可以看出：盐度均方根误差在热带海域（0.13～0.33 PSU）小于中高纬度海域（0.15～0.47 PSU），这与盐度变化的气候变率分布一致，即黑潮、湾流等海域的盐度变化最为剧烈，而在除热带西太平洋外的热带海域盐度变化较小。此外，3 种 1.00°分析场的均方根误差（0.13～0.34 PSU）小于 3 种 0.25°分析场的误差（0.17～0.47 PSU），因为前者计算一个分析值所用的观测值更多，且描述的特征尺度更接近 Argo 观测网的名义分辨率（3°×3°）。

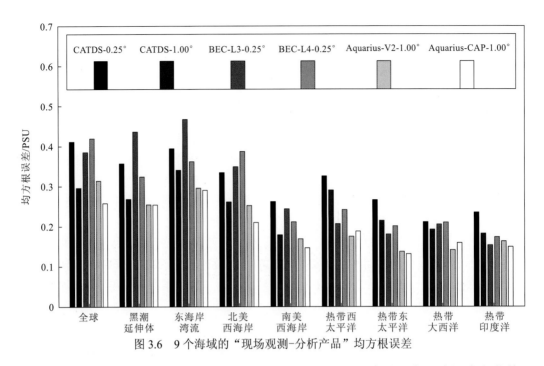

图 3.6　9个海域的"现场观测-分析产品"均方根误差

　　此外，在热带海域，均方根误差最大的是 CATDS-0.25°产品，在西边界流和北美西海岸等盐度信号强烈的海域，误差最大的是 BEC-L3 和 BEC-L4 产品。这说明，尽管 CATDS-0.25°产品有着噪声密集的形态（图 3.1～图 3.4）和显著偏高的谱能量（图 3.5）、BEC-L3 和 BEC-L4 产品有着平滑自然的形态(图 3.1～图 3.4)和相对较低的谱能量(图 3.5)，但并非直觉上那般前者全是噪声、后者全是信号。事实上，两者的比较优势与观测数据的密度有关：在遥感盐度观测较为密集和充足的热带海域，无论是 SMOS-BEC L3 产品的最优插值还是 SMOS-BEC L4 产品的奇异值分析，都能在保证分析场精度的前提下使分析场看起来更加平滑自然；而在观测较为稀疏、盐度自然变率较高的海域，这些客观分析方法却带来了更多的投影误差（即代表性误差），相比之下 CATDS-0.25°产品的简单平均方法更能有效利用遥感观测的数量优势，进而减小分析误差。因此，在某些情况下，看似较为平滑的分析场，实际上是将信号与噪声一同过滤掉了，而看似充满噪声的分析场，实际上是在保留大量噪声的同时也保留了相当一部分盐度信号。BEC-L4 产品和 BEC-L3 产品的对比情况为：在黑潮、湾流等近岸海域，BEC-L4 产品误差较小；在热带东太平洋等开阔海域，BEC-L3 产品误差较小。这主要与 BEC-L4 产品剔除了近岸海域大量误差较大的盐度观测有关，如图 3.3（d）所示，BEC-L4 产品的近岸盐度值为空值。对过滤盐度变化（信号和噪声）的程度而言，BEC-L4 产品甚于 BEC-L3 产品，BEC-L3 产品甚于 CATDS-0.25°产品；从全球来看，三者中 BEC-L3 产品误差最小。

　　所有分析产品中，误差最小的是 1.00°分辨率的 Aquarius-CAP 和 Aquarius-V2 产品，其中 Aquarius-CAP 产品总体误差更小。这说明，Aquarius-CAP 产品虽然具有"人工轨道形态"（图 3.1～图 3.4）导致的较高谱能量（图 3.5），但正因其保留了遥感盐度资料的原始特征，使其避免了 Aquarius-V2 产品处理中的局部平滑导致的代表性误差增大（虽然 Aquarius-V2 产品的分布形态看起来更自然）。在各个海域，CATDS-1.00°产品的误差皆大于 Aquarius-CAP 和 Aquarius-V2 产品，由于三者的 L3 级处理方法都是基于简单平均，且 Aquarius-CAP 产品进行了局部平滑而 Aquarius-V2 产品未进行局部平滑，可以排除格点化方法与局部平滑的影响，由此断定 CATDS-1.00° 产品的较大误差源于 SMOS 卫星的盐度观测本身（仪器观测、亮温重构、盐度反演等）。

3.1.3　分析与讨论

由于 CAP 算法的优势，Aquarius-CAP 产品的均方根误差最小，但其明显的轨道痕迹和较高的谱能量表明，Aquarius-CAP 产品在描述物理图像方面的表现不是很好。相反，Aquarius-V2 产品更为自然的结构和较低的谱能量表明，其局部平滑过程使其在物理上更具合理性，然而代价是增加了均方根误差。当然，无论是 Aquarius-V2 产品还是 Aquarius-CAP 产品，其相对粗糙的 1°×1° 网格都将它们的有效分辨率限制在大尺度范围（>100 km）。此外，CATDS-1.00° 产品的图像形态、能量分布和误差特征都与 Aquarius-V2 产品相当，可见对于简单平均方法，降低 CATDS 分析场空间分辨率（0.25°～1.00°）不仅减小了均方根误差，也使其物理图像趋于合理。

由上述分析可知，遥感盐度产品的大尺度均方根误差（由 Argo 数据对比计算得到）大小与其平滑程度大体呈正相关（BEC-L4 产品均方根误差较大，BEC-L3 产品均方根误差较小；Aquarius-V2 产品均方根误差较大，Aquarius-CAP 产品均方根误差较小），只不过不同产品的信噪比在不同海域有所不同（如 CATDS-0.25° 信噪比在热带海域较低），而中尺度现象描述能力除与格点距离（即产品网格分辨率）有关外（0.25° 产品优于 1.00° 产品），当前只能由其图像结构、均方根误差、频谱能量等综合分析得到（BEC-L3 产品最优）。绝对客观、定量的有效分辨率研究，要求精准地分离不同尺度上的盐度信号和噪声，这就需要足够高精度和足够高分辨率的对比验证资料进行配合，但这种接近于"真实场"的对比验证资料实际上是很难获得的，因此可以借助多种方法的综合分析来弥补这一不足。

受盐度遥感观测机理和处理应用经验的限制，当前 SMOS 卫星和 Aquarius 卫星盐度分析产品的名义分辨率仅为 0.25° 或更低，且尚未能在全球范围内，尤其是在热带以外海域，达到预设目标精度（0.1～0.2 PSU）。因此，随着未来更精确的遥感盐度观测及更有效的分析方法的出现，上述分析与结论也会不断得到更新。尽管如此，各版本遥感盐度分析产品（V2、V3、V4）仍有着相同的处理方法，其有效分辨率特性有着相通之处，相关结论可为各类遥感盐度分析产品的用户提供简单参考。

3.2　时空相关尺度特征

海表盐度的去相关尺度（decorrelation scale）表示海表盐度呈现一致变化特征的尺度大小。通过这一指标能更好地理解海表盐度的空间和时间变化，以及影响海表盐度的相关过程（Tzortzi et al., 2016）。除此之外，去相关尺度也可用于不规则的观测散点网格化客观分析或最优插值方法，例如将 L2 卫星散点资料处理成网格化 L3 卫星数据，以及同化海表盐度等。然而，与其他诸如海表温度（Hosoda et al.，2004）和海表高度（sea surface height，SSH）（Kuragano et al.，2000）等变量相比，由于现有实测盐度数据的时空分辨率有限，对海表盐度的时空尺度的研究仍相对不足。已有研究试图通过使用实测数据或模式数据来衡量海表盐度变化的相关尺度（Sena et al.，2015；Delcroix et al.，2005）。海洋盐度卫星的发射为研究海表盐度去相关尺度提供了高分辨率数据，而目前这部分工作仍较少开展（Bingham et al.，2017）。

热带印度洋在全球气候系统中发挥重要作用。印度洋降水丰富，有着最典型的季风气候。由于季风和季节性洋流，热带印度洋的海表盐度有显著的季节和年际变异模态（Grunseich et al.，2011）。过往的多数研究集中在探讨海表盐度不同空间和时间维度上的变化机制（Li et al.，2016；Subrahmanyam et al.，2011），以及它们与印度洋气候模态间的关系（Du et al.，2018；Zhang et al.，2016），然而，目前几乎没有在热带印度洋开展海表盐度相关时空尺度方面的研究。本节将在前人的研究基础上，使用不同模式的海表盐度资料，开展更详细的热带印度洋时空去相关尺度分析。一方面结合不同海洋盐度卫星的海表盐度观测数据和模型数据进行分析；另一方面分析不同产品的海表盐度的去相关尺度的共性，并提供海表盐度去相关尺度的物理解释。

本节选取 4 个最新发布的网格化 L3 卫星产品，包括 SMOS BEC L3（本节简称 SMOS BEC）数据、SMOS CATDS CEC-LOCEAN L3（本节简称 SMOS CATDS）数据、Aquarius V5.0 L3（本节简称 Aquarius）数据和 SMAP L3 SSS 产品（本节简称 SMAP）数据。SMOS BEC 数据来自西班牙 BEC 提供的去偏差非贝叶斯 BEC V2.0 产品（Olmedo et al.，2017），由 SMOS L1B TBs v620 生成，空间分辨率为 0.25°×0.25°，时间分辨率为 9 天，时间范围为 2011 年 1 月 30 日～2017 年 4 月 1 日。SMOS CATDS 数据为 CEC Locean L3 Debied V4.0 产品，时间范围为 2011 年 1 月 1 日～2017 年 8 月 31 日。Aquarius 数据来自 7 天平均 1°×1° 的带降水标记的 Aquarius V5.0 产品，由物理海洋学分布式数据存档中心（Physical Oceanography Distributed Active Archive Center，PODAAC）发布，时间范围为 2012 年 1 月 1 日～2015 年 4 月 30 日。SMAP 数据来源于 SMAP SSS L3 V4.0 产品，空间分辨率约为 70 km，时间范围为 2015 年 4 月 1 日～2017 年 12 月 31 日。

同时，计算混合坐标海洋模型（HYbrid coordinate ocean model，HYCOM）和海洋环流模式地球模拟器（oceanic general circulation model for the earth simulator，OFES）两个模式输出的海表盐度去相关尺度大小。HYCOM 是近年来流行的全球海洋环流模式，其垂直网格采用混合坐标系，在开阔和分层海洋中为等密度坐标系，在浅海区变为地形跟随坐标系，在混合层或非分层海洋中变为 z 级坐标系（Chassignet et al.，2007），能够更好地代表上层海洋物理。本节使用 HYCOM 全球每日 1/12° 的 GOFS3.1 再分析场，将每日 HYCOM 海表盐度数据每隔 7 天重新取样，并插值到与卫星海表盐度产品相同的空间分辨率（0.25°×0.25°）。OFES 是日本海洋地球科学技术厅（Japan Agency for Marine-Earth Science and Technology，JAMSTEC）开发的全球海洋环流模型之一（Masumoto et al.，2004），本节采用 0.1° 的 OFES 3 天平均产品。与 HYCOM 相似，将 3 天平均的 OFES 数据插值为 0.25°×0.25°，每隔 9 天重新采样一次。这两种模型数据的时间范围为 2011 年 1 月 1 日～2017 年 12 月 31 日。

3.2.1 去相关尺度计算方法

不同研究采用不同的方法计算时空相关尺度。一些研究计算目标网格点与其相邻网格点之间的时间互相关，并拟合高斯函数，相关尺度由高斯函数的 e-折距离决定。Bingham 等（2017）采用了 Kuragano 等（2000）的方法，但时间互相关没有用高斯函数拟合。Tzortzi 等（2016）定义从目标网格点向西、东、北和南方向延伸相关系数≥1/e 的长度为空间尺度。本小节使用的均是网格化数据，因此采用 Tzortzi 等（2016）提出的方法，先计算每个网格点时间序列的相关系数，然后将海表盐度空间尺度在北、南、东、西 4 个方向上的长度定义为相关系数首次低于 1/e 阈值时目标网格点到相邻网格点的距离。考虑尺度在南北和东西方向上的对称性，将南北和东西方向尺度平均得到纬向和经向去相关尺度。

时间去相关尺度的计算一般使用自相关函数（auto correlation function，ACF），通常用自相关系数低于 1/e 的阈值或低于 0 的阈值来计算。本小节采用 1/e 阈值法，在计算去相关尺度之前，对海表盐度场的所有时间序列进行去趋势。

盐度收支方程为

$$\frac{\partial S}{\partial t} = -\left(u\frac{\partial S}{\partial x} + v\frac{\partial S}{\partial y}\right) - w_e\frac{S-S_{-h}}{h} - \frac{S(P-E)}{h} + \varepsilon \tag{3.1}$$

式中：S 为海表盐度；u 和 v 分别为纬向和经向海表流速；P 和 E 分别为海表蒸发和降水；h 为混合层深度；S_{-h} 为混合层深度盐度；w_e 为垂向卷夹速度，$w_e = \frac{\mathrm{d}h}{\mathrm{d}t} + w_{-h}$，$w_{-h}$ 为混合层底的垂向速度，$w_{-h} = h\left(\frac{\partial u}{\partial x} + \frac{\partial v}{\partial y}\right)$。等式左边 $\frac{\partial S}{\partial t}$ 为海表盐度趋势项（S_tend），等式右边第一项 $u\frac{\partial S}{\partial x}$ 为盐度纬向传输项（S_advx），第二项 $v\frac{\partial S}{\partial y}$ 为盐度经向传输项（S_advy），第三项 $w_e\frac{S-S_{-h}}{h}$ 为盐度垂向输送项（S_advz），第四项 $\frac{S(P-E)}{h}$ 为淡水通量（fresh water flux，FWF）项，最后一项 ε 为误差项。

本小节使用 CATDS/CEC-OS SMOS L4 级产品进行分析。该产品的空间分辨率为 0.5°，时间分辨率为 7 天，同时它还包括分析上层海洋混合层盐度收支的关键变量，如海表流速数据来自海洋表面流实时分析（ocean surface current analyses realtime，OSCAR）的全球表面流产品，蒸发数据来自客观分析的海气通量（objectively analyzed air-sea fluxes，OAFlux）数据，降水数据来自美国气候预测中心（Climate Prediction Center，CPC）在多种微波降水数据和红外数据的基础上研制的全球高时空分辨率 CMORPH 数据，混合层深度数据来自国际太平洋研究中心/亚太数据研究中心（International Pacific Research Center/Asia-Pacific Data-Research Center，IPRC/APDRC）。将这些数据场在时间上取平均值或以 SMOS CATDS SSS 时间分辨率进行插值，并以相同的空间分辨率进行网格化。

3.2.2　海表盐度变化时空尺度

　　热带印度洋海表盐度场的纬向去相关空间尺度如图 3.7 所示。从图中可以看出，所有的数据集都显示出相似的去相关空间尺度场。除 SMOS CATDS 数据外，最大海表盐度空间尺度位于赤道印度洋中部以 8°S 为中心的纬度带内（区域 1），且纬向尺度都超过 2 000 km，但 SMOS CATDS 数据的纬向去相关空间尺度较短，不超过 1 800 km，覆盖面积较小。所有产品在南阿拉伯海中心（0°～12°N）（区域 2）均可发现 1 000～1 200 km 的带状去相关空间尺度。与其他卫星产品相比，OFES 和 HYCOM 产品较大的纬向空间尺度主要位于 12°S～18°S 的莫桑比克北部海峡的大部分地区。

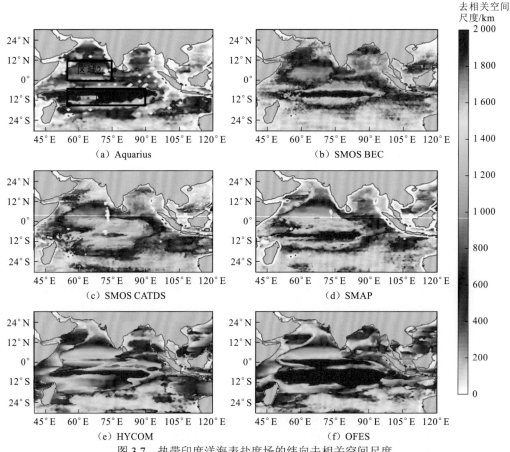

图 3.7　热带印度洋海表盐度场的纬向去相关空间尺度
黑色方块表示赤道印度洋中部区域（区域 1，5°S～15°S，55°E～90°E）
和阿拉伯海南部区域（区域 2，0°N～12°N，55°E～75°E）

　　热带印度洋海表盐度场的经向去相关空间尺度如图 3.8 所示。从图中可以看出，所有产品都能观察到两个明显的经向去相关空间尺度较大的区域：一个位于赤道南部，尺度为 500～700 km；另一个位于阿拉伯海，尺度为 600～800 km。在阿拉伯海东部 Aquarius 卫星和 SMAP 卫星产品的经向去相关空间尺度相似且大于 SMOS 卫星的两个产品。同时，与其他卫星产品相比，OFES 和 HYCOM 产品在莫桑比克北部海峡（4°S～24°S）可发现较大的经向去相关空间尺度，同时，模式输出的海表盐度经向去相关空间尺度大于卫星数据，且覆盖范围更广。总体而言，各产品经向去相关空间尺度明显小于纬向尺度。

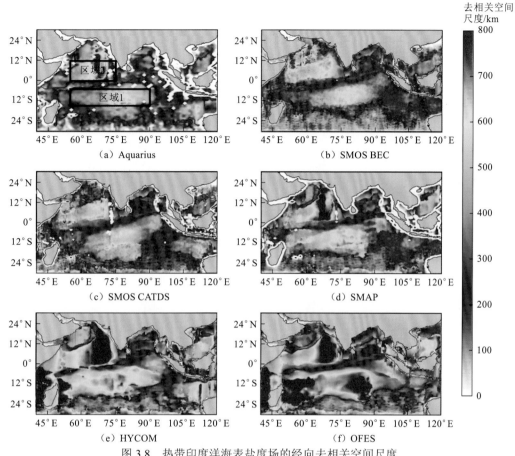

图 3.8　热带印度洋海表盐度场的经向去相关空间尺度

计算海表盐度场的纬向和经向去相关尺度的比值（图 3.9），比值大于 1 说明纬向尺度大于经向尺度，比值小于 1 说明纬向尺度小于经向尺度。从图中可以看出，热带印度洋的空间去相关尺度具有很强的各向异性。热带印度洋中部（12°S～12°N）纬向尺度大于经向尺度，最大比值为 6。该比值从赤道南部向热带地区递减，沿大多数海岸小于 1，这表明其纬向尺度小于经向尺度，特别是在莫桑比克海峡（12°S～24°S，40°E～45°E）和阿拉伯海东北部。

热带印度洋海表盐度场的纬向和经向去相关尺度纬向平均值如图 3.10 所示。尽管尺度大小不同，但这 6 种产品表现出良好的一致性。对于纬向去相关尺度，除 SMOS BEC 外，所有产品都表现出一个以 5°S 为中心的双峰结构[图 3.10（a）]。这有可能是由于赤道南部印度洋和阿拉伯海东南部（0°～12°N）动力环流较弱，海表盐度在较长空间尺度上呈现一致性变化。此外，所有产品在 24°S～30°S 和 10°N～30°N 区域表现出良好的一致性，空间尺度均较小（<400 km）。同时，在 8°S～15°S 的所有产品中可以观察到较大的经向去相关尺度[图 3.10（b）]，尤其是在 HYCOM 和 OFES 产品数据中。

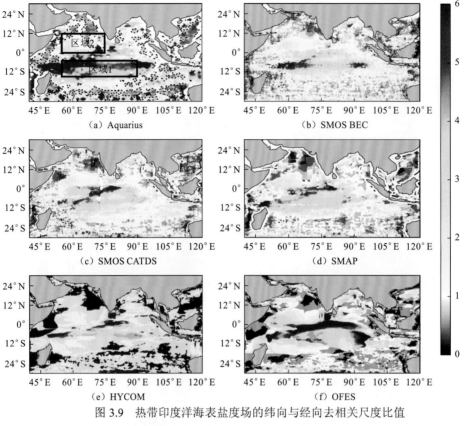

图 3.9　热带印度洋海表盐度场的纬向与经向去相关尺度比值

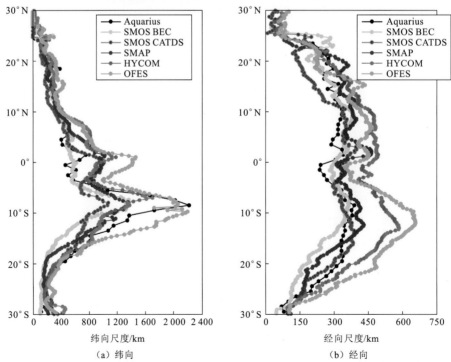

图 3.10　热带印度洋海表盐度场的纬向与经向去相关尺度纬向平均值

本小节由卫星数据计算得到的空间尺度与 Delcroix 等（2005）研究中现场测量所得的空间尺度一致，例如马六甲海峡至亚丁湾 IX10 轨道的纬向尺度为 300～700 km，从留尼汪到亚丁湾 IX03 轨道的经向尺度为 200～500 km。这表明卫星产品（0.25°～1°）抓住了与现场观测一致的中尺度空间变化特征。

热带印度洋海表盐度场的去相关时间尺度如图 3.11 所示，从图中可以看出三个明显的大值区。第一个位于阿拉伯海东南部，第二个位于南赤道印度洋的中部，范围为 60°E～90°E 和 3°S～12°S，这两处时间尺度都大于 40 天以上。第三个位于孟加拉湾北部，时间尺度为 50～60 天。去相关时间尺度较长的区域与 Bingham 等（2017）计算的海表盐度的季节振幅较大区域有很大的一致性。这表明这些地区的时间尺度（50～70 天）以季节变化为主导。两种 SMOS 卫星产品在阿曼湾具有较长去相关时间尺度（>100 天），同样，HYCOM 产品在波斯湾北部也有这样的特点。

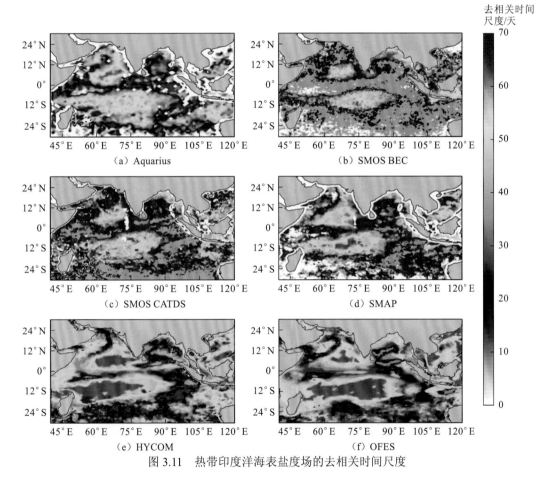

图 3.11　热带印度洋海表盐度场的去相关时间尺度

热带印度洋海表盐度场的去相关时间尺度纬向平均值如图 3.12 所示。从图中可以看出，在纬度变化方面，所有产品的海表盐度场的时间尺度相似，在 8°S 和 8°N 处出现双峰。除 22°N 向北外，两个模式数据的时间尺度通常比卫星数据长。此外，在 25°N～30°N，SMOS BEC 和 SMOS CATDS 产品的时间尺度比其他产品长。

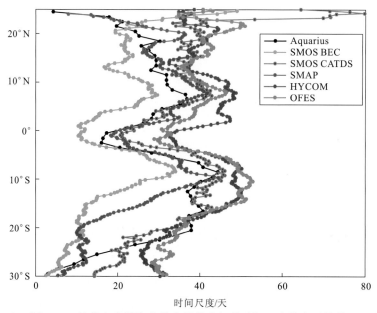

图 3.12　热带印度洋海表盐度场的去相关时间尺度纬向平均值

此外，本小节计算的去相关时间尺度小于 Bingham 等（2017）的去相关时间尺度，这可能是由计算方法不同造成的。Bingham 等（2017）的方法选择自相关函数的第一个过零点作为计算海表盐度的时间尺度的阈值，而本小节采用 1/e 阈值法。为了与 Bingham 等（2017）的研究结果进行比较，采用与 Bingham 等（2017）相同的方法计算热带印度洋海表盐度场的去相关时间尺度，如图 3.13 所示。海表盐度数据集来自 Aquarius 产品，与 Bingham 等（2017）的海表盐度数据（Aquarius 4.0）类似。当采用自相关函数的首次

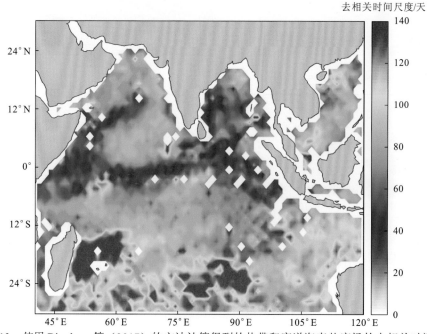

图 3.13　使用 Bingham 等（2017）的方法计算得到的热带印度洋海表盐度场的去相关时间尺度

过零点作为计算海表盐度的时间尺度的阈值时，本小节的时间尺度与Bingham等（2017）的分布特征一致，二者占主导地位的时间尺度为90天且均在热带印度洋南部25°S附近存在较长的时间尺度区域。

3.2.3　盐度通量分析

海表盐度去相关尺度反映了不同地区海表盐度一致变异的大小。为了对海表盐度去相关尺度进行物理解释，通过盐度收支方程分析不同项（经向和纬向传输项、垂向输送项和淡水通量项）的影响。图3.14所示为赤道印度洋中部（区域1）和阿拉伯海南部（区域2）平均盐度收支的季节变化，在这些地区，所有产品都能观测到较大的空间尺度和强烈的各向异性（图3.7~图3.9）。利用不同的海表盐度产品对两个区域的盐度收支进行分析。两个区域式（3.1）左侧的海表盐度趋势项与式（3.1）右侧的各项之和变化较为一致[图3.14（a）和（c）]，相关系数分别为0.86和0.74。区域2的剩余项大于区域1，但大部分月份小于0.1 PSU/月。产生残差项的主要原因包括本小节使用的低阶通量方程没有考虑所有引起海表盐度变化的过程（如水平混合和剪切不稳定性）及卫星数据存在

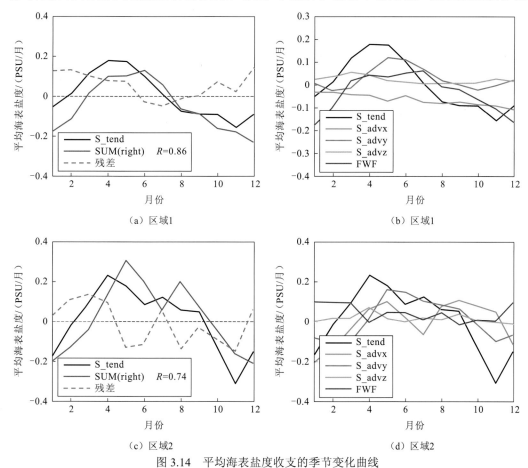

（a）区域1　　　　　　　　　　（b）区域1

（c）区域2　　　　　　　　　　（d）区域2

图3.14　平均海表盐度收支的季节变化曲线

S_tend 为海表盐度趋势项，S_advx 为纬向输送项，S_advy 为经向输送项，S_advz 为垂向输送项，FWF 为淡水通量项

误差，但上述偏差的存在不影响最终结论。在印度洋中部（区域1），盐度在2～7月呈正变化。经向输送项和淡水通量项对海表盐度增加有显著影响[图3.14（b）]。从8月到次年1月，淡水通量项与海表盐度的变化基本一致，这是导致海表盐度下降的主要原因。纬向输送项的影响相对较小（约0.05 PSU/月）。同时，3～9月阿拉伯海南部（区域2）海表盐度趋势项为正[图3.14（d）]。在此期间，经向输送与海表盐度趋势基本一致。从10月到次年2月，海表盐度趋势项呈负变化。纬向输送项和经向输送项对海表盐度降低起主要作用，而全年淡水通量项的影响较小。

为计算盐度收支方程各项的相对重要性，将式（3.1）右侧各项分别与 $\dfrac{\partial S}{\partial t}$ 进行协方差分析。$\left\langle \chi_i, \dfrac{\partial S}{\partial t}\right\rangle$ 为趋势项 $\dfrac{\partial S}{\partial t}$ 与方程右侧任一项的协方差，然后通过除以每项的协方差之和进行归一化，$\dfrac{\left|\left\langle \chi_i, \dfrac{\partial S}{\partial t}\right\rangle\right|}{\displaystyle\sum_{i=1}^{4}\left|\left\langle \chi_i, \dfrac{\partial S}{\partial t}\right\rangle\right|}$ 定义为各项的相对重要性（图3.15）。

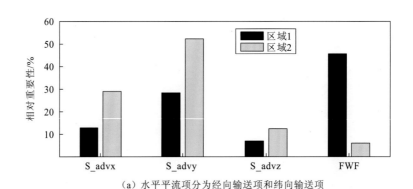

（a）水平平流项分为经向输送项和纬向输送项

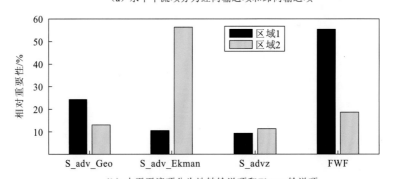

（b）水平平流项分为地转输送项和Ekman输送项

图3.15　各影响过程对海表盐度趋势（$\partial S/\partial t$）的相对重要性

S_adv_Geo 为地转输送项，S_adv_Ekman 为 Ekman 输送项

对于印度洋中部海域（区域1），淡水强迫起到最主要作用，占海表盐度趋势季节变化的51.7%。经向输送起次要作用，对 $\partial S/\partial t$ 的贡献约为30%。相比之下，其他两个过程对海表盐度趋势的贡献很小。同时，阿拉伯海南部海域（区域2）海表盐度变化主

要由经向和纬向平流引起,其相对重要性分别为 50%和 30%。此外,将水平平流项分为地转输送项(S_adv_Geo)和 Ekman 输送项(S_adv_Ekman),并计算每个项的相对重要性[图 3.15(b)]。在阿拉伯海南部(区域 2),Ekman 输送项比地转输送项更重要,前者占海表盐度趋势季节变化的 56.3%,后者占 13.2%。总的来说,表层淡水通量控制着赤道印度洋中部(区域 1)的季节性海表盐度变化,而区域 2 的海表盐度变化主要由水平对流驱动。

图 3.16 所示为盐度收支方程中变量的空间尺度。在区域 1,淡水通量的纬向尺度和经向尺度与海表盐度空间尺度较为一致。例如,淡水通量纬向尺度在 12°S 纬度带都有大值区,而海表流速(U 和 V)的影响很小。在区域 2,V 的经向尺度与海表盐度的经向尺度一致,在阿拉伯海的东南侧有较大的尺度。U 的纬向和经向尺度与阿拉伯海南侧海表盐度一致。综上所述,区域 1 的海表盐度的去相关尺度主要是由淡水通量引起,而区域 2 的海表盐度的去相关尺度主要是由海洋水平对流引起。

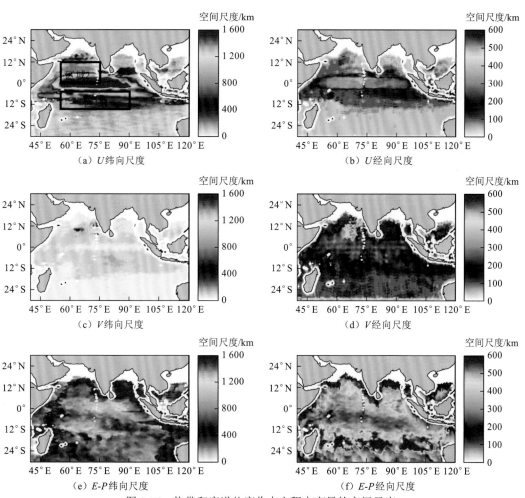

图 3.16　热带印度洋盐度收支方程中变量的空间尺度

E-P 为淡水通量

3.2.4 分析与讨论

图 3.17 所示为热带印度洋不同产品和现场数据的标准差，以表示热带印度洋海表盐度变化。6 种产品和现场实测数据的标准差空间分布相似，都在孟加拉湾北部显示出较高的海表盐度变化（超过 1 PSU），在阿拉伯海东南部（0°～12°N）和赤道印度洋中部海表盐度的标准差较大。SMOS-BEC 产品的标准差小于其他产品。此外，在热带印度洋的不同区域，比较了 6 种产品和现场实测（in situ）数据海表盐度的季节变化（图 3.18）。6 种产品在不同区域的海表盐度季节变化与实测数据基本一致，说明 6 种产品能够很好地表征海表盐度季节变化。总体来说，本节所用的 6 种产品虽然与实测数据在数值上存在一定的差异，但仍能较好地捕捉到海表盐度的变化，可用于热带印度洋海表盐度变化研究。

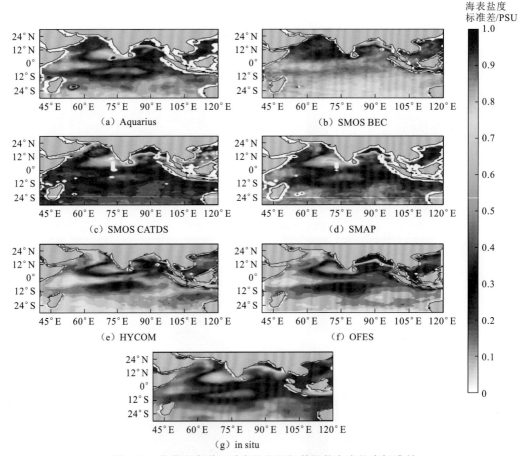

图 3.17　热带印度洋 6 种产品和现场数据的海表盐度标准差

将不同海表盐度进行盐度收支分析（图 3.19）。不同产品的海表盐度趋势项具有较好的一致性，但 Aquarius 产品的海表盐度趋势项在 4～6 月大于其他产品。此外，计算不同海表盐度数据集方程等式右侧各项对海表盐度趋势的相对重要性（图 3.20）。不同海表盐度产品的各项相对重要性与 SMOS CATDS 产品相似。结果表明，不同的海表盐度产品在盐度收支分析中差异不大，对最终结果没有影响。

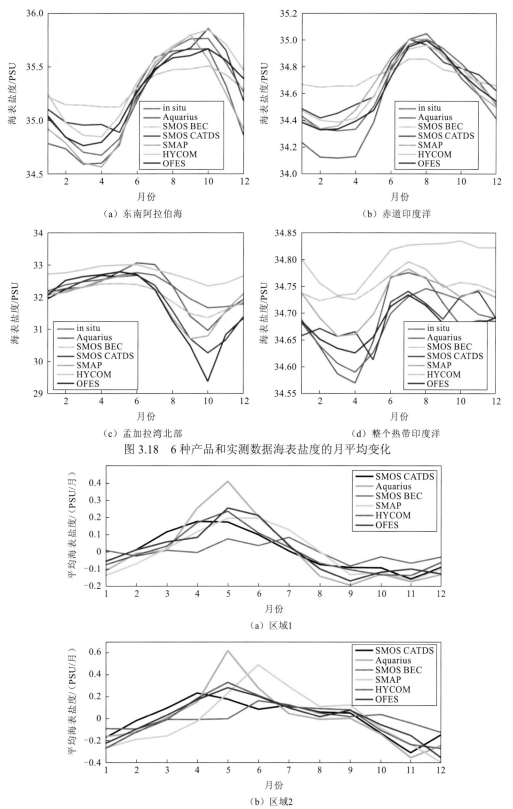

（a）东南阿拉伯海

（b）赤道印度洋

（c）孟加拉湾北部

（d）整个热带印度洋

图 3.18　6 种产品和实测数据海表盐度的月平均变化

（a）区域1

（b）区域2

图 3.19　6 种产品在区域 1 和区域 2 平均海表盐度收支的季节变化

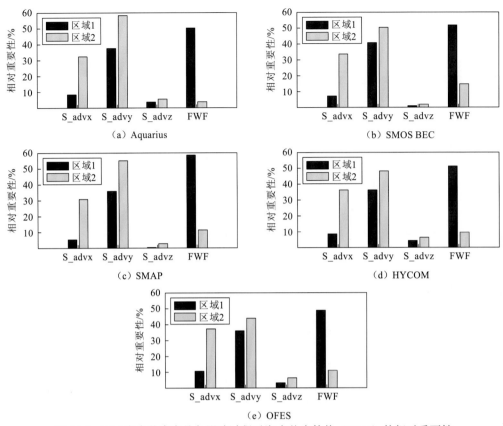

图 3.20 不同海表盐度产品各影响过程对海表盐度趋势（$\partial S/\partial t$）的相对重要性

由上述分析可知，不同卫星产品和两种模式的去相关尺度结果存在一定差异。对于海表盐度卫星产品，卫星时空分辨率和产品的插值半径不同也会对去相关尺度造成影响。例如，Aquarius 卫星的去相关空间尺度大于其他卫星产品，这可能是由不同产品的插值半径引起的。Aquarius 卫星的空间分辨率（1°）低于其他卫星产品（0.25°）。为了验证插值半径对去相关尺度计算的影响，利用不同空间分辨率（1°、0.5°和0.25°）的 SMOS CATDS 数据计算去相关尺度。图 3.21 为来自不同空间分辨率的 SMOS CATDS 数据和来自 Aquarius 卫星的海表盐度场的去相关尺度纬向平均。由图可知，4 种产品的去相关尺度随纬度的变化较为相似。随着空间分辨率的降低（从 0.25°降至 1°），SMOS CATDS 的去相关空间尺度逐渐增大。此外，虽然插值半径相同，但 Aquarius 去相关空间尺度仍大于 SMOS CATDS（1°），这可能是由两颗卫星任务的空间分辨率不同造成的。卫星 L2 的数据取样时，SMOS 卫星的轨道足迹约为 40 km，Aquarius 卫星的足迹为 100~150 km。Aquarius 卫星更宽的轨道足迹可能导致更长的去相关空间尺度。

此外，在 SMAP 卫星产品中，最优插值方法会对空间尺度造成影响。本节使用的 SMAP 卫星产品以直径为 70 km 的圆为最优插值的目标单元。与之前的 40 km 分辨率产品相比，SMAP_70 km 产品在空间结构上更加平滑，随机噪声降低了约 60%。最优插值半径越大，去相关空间尺度越大。因此，空间分辨率为 70 km 的 SMAP_70 km 海表盐度数据的空间长度大于 40 km SMAP 产品的空间长度（图 3.22）。

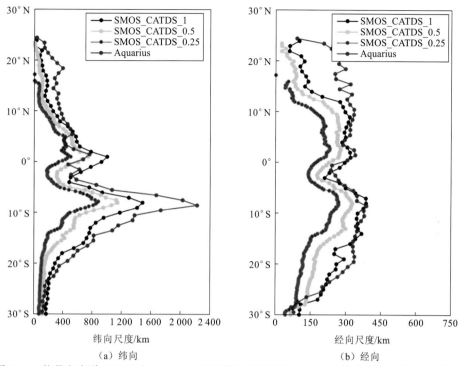

图 3.21　热带印度洋 SMOS 和 Aquarius 卫星海表盐度场的纬向与经向去相关尺度纬向平均值

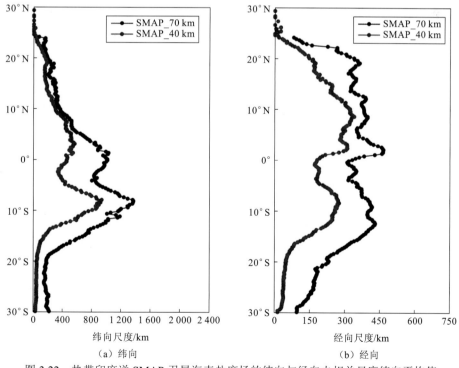

图 3.22　热带印度洋 SMAP 卫星海表盐度场的纬向与经向去相关尺度纬向平均值

对于模式数据，Tzortzi 等（2016）使用来自 SMOS 卫星和 Aquarius 卫星海表盐度数据计算了热带大西洋海表盐度的去相关尺度，发现卫星产品去相关尺度比具有 4 km 空间分辨率和每日时间分辨率的环流模式结果大，这可能是由于模式数据具有良好的时间（每天）分辨率和空间分辨率（4 km），可以捕捉到海表盐度场的小尺度空间分布和高频率的时间变化。基于相同的尺度计算方法，将海洋模式产品（HYCOM 和 OFES）插值到与卫星海表盐度产品相同的空间分辨率（0.25°）并计算去相关尺度，对比具有相同时空分辨率的盐度卫星产品和海洋模式产品的去相关尺度差异。一般来说，模式产品输出的海表盐度场的去相关尺度大于卫星产品。这可能是由于模式产品的海表盐度数据是通过物理方程计算出来的，并且具有更多的约束条件，使海表盐度的变化比使用亮温反演的卫星海表盐度的数据变化更均匀。

分别计算模式原始数据（原分辨率为 0.08°）和重采样数据（降低分辨率至 0.25°）的去相关尺度。从图 3.23 和图 3.24 中可以看出，模式原始数据和重采样数据的差异很小，这意味着重采样对产品的去相关尺度几乎没有影响。事实上，在计算去相关尺度时，重采样不会改变目标网格点与相邻网格点之间的相关系数，但由于网格分辨率的不同，去相关尺度会略有不同。综上所述，海表盐度产品的去相关尺度与产品的空间分辨率和插值半径密切相关，而重采样对产品的去相关尺度影响不大。

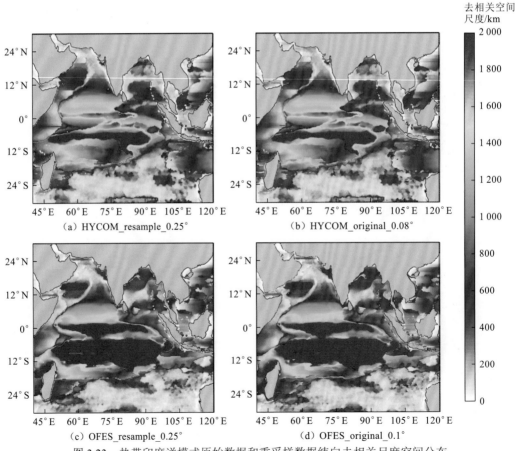

图 3.23　热带印度洋模式原始数据和重采样数据纬向去相关尺度空间分布

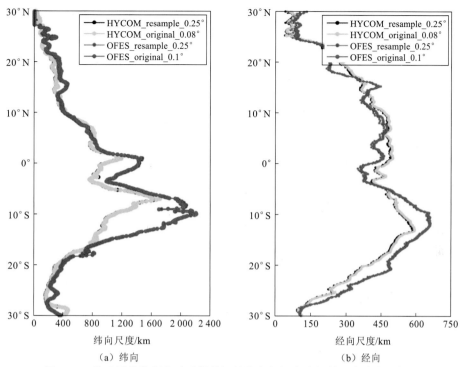

图 3.24　模式原始数据和重采样数据的纬向与经向去相关尺度纬向平均值

参 考 文 献

BHASKAR T, JAYARAM C, 2015. Evaluation of Aquarius sea surface salinity with Argo sea surface salinity in the tropical Indian Ocean. IEEE Geoscience and Remote Sensing Letters, 12: 1292-1296.

BINGHAM F M, LEE T, 2017. Space and time scales of sea surface salinity and freshwater forcing variability in the global ocean (60°S-60°N). Journal of Geophysical Research: Oceans, 122: 2909-2922.

BOUTIN J, MARTIN N, REVERDIN G, et al., 2014. Sea surface salinity under rain cells: SMOS satellite and in situ drifters observations. Journal of Geophysical Research: Oceans, 119: 5533-5545.

CAMPS A, VALL-LLOSSERA M, BATRES L, et al., 2005. Retrieving sea surface salinity with multiangular L-band brightness temperatures: Improvement by spatiotemporal averaging. Radio Science, 40: 12-23.

CHASSIGNET E P, HULBURT H E, SMEDSTAD O M, et al., 2007. The HYCOM (HYbrid Coordinate Ocean Model) data assimilative system. Journal of Marine Systems, 65: 60-83.

DELCROIX T, MCPHADEN M J, DESSIER A, et al., 2005. Time and space scales for sea surface salinity in the tropical oceans. Deep Sea Research Part I: Oceanographic Research Papers, 52: 787-813.

DINNAT E P, VINE D, PIEPMEIER J R, et al., 2016. Aquarius L-band radiometers calibration using cold sky observations. IEEE Journal of Selected Topics in Applied Earth Observations and Remote Sensing, 8: 5433-5449.

DRUCKER R, RISER S C, 2014. Validation of Aquarius sea surface salinity with Argo: Analysis of error due to depth of measurement and vertical salinity stratification. Journal of Geophysical Research: Oceans, 119:

4626-4637.

DU Y, ZHANG Y, FENG M, 2018. Multiple time scale variability of the sea surface salinity Dipole mode in the tropical Indian Ocean. Journal of Climate, 31: 283-296.

GRUNSEICH G, SUBRAHMANYAM B, MURTY V S N, et al., 2011. Sea surface salinity variability during the Indian Ocean Dipole and ENSO events in the tropical Indian Ocean. Journal of Geophysical Research: Oceans, 116: C11013-1-C11013-14.

GUIMBARD S, GOURRION J, PORTABELLA M, et al., 2012. SMOS semi-empirical ocean forward model adjustment. IEEE Transactions on Geoscience and Remote Sensing, 50: 1676-1687.

HEJAZIN Y, JONES W, GARCIA A S, et al., 2015. A roughness correction for Aquarius sea surface salinity using the Conae microwave radiometer. IEEE Journal of Selected Topics in Applied Earth Observations and Remote Sensing, 8: 5500-5510.

HERNANDEZ O, BOUTIN J, KOLODZIEJCZYK N, et al., 2014. SMOS salinity in the subtropical North Atlantic salinity maximum: 1. Comparison with Aquarius and in situ salinity. Journal of Geophysical Research: Oceans, 119: 8878-8896.

HOSODA K, KAWAMURA H, 2004. Global space-time statistics of sea surface temperature estimated from AMSR-E data. Geophysical Research Letters, 31: 123-129.

JOHNSON J T, MIN Z, 1999. Theoretical study of the small slope approximation for ocean polarimetric thermal emission. IEEE Transactions on Geoscience and Remote Sensing, 37: 2305-2316.

KERR Y H, WALDTEUFEL P, WIGNERON J P, et al., 2010. The SMOS mission: New tool for monitoring key elements of the global water cycle. Proceedings of the IEEE, 98: 666-687.

KURAGANO T, KAMACHI M, 2000. Global statistical space-time scales of oceanic variability estimated from the Topex/Poseidon altimeter data. Journal of Geophysical Research: Oceans, 105: 955-974.

LI J, LIANG C, TANG Y, et al., 2016. A new Dipole index of the salinity anomalies of the tropical Indian Ocean. Scientific Reports, 6: 24260.

MANNSHARDT E, SUCIC K, FUENTES M, et al., 2016. Comparison of distributional statistics of Aquarius and Argo sea surface salinity measurements. Journal of Atmospheric and Oceanic Technology, 33: 103-118.

MASUMOTO Y, SASAKI H, KAGIMOTO T, et al., 2004. A fifty-year eddy-resolving simulation of the world ocean: Preliminary outcomes of OFES (OGCM for the Earth Simulator). Journal of Earth Simulator, 1: 35-56.

MELNICHENKO O, HACKER P, MAXIMENKO N, et al., 2016. Optimum interpolation analysis of Aquarius sea surface salinity. Journal of Geophysical Research: Oceans, 121: 602-616.

OLMEDO E, MARTINEZ J, TURIEL A, et al., 2017. Debiased non-Bayesian retrieval: A novel approach to SMOS sea surface salinity. Remote Sensing of Environment, 193: 103-126.

PABLOS M, PILES M, GONZALEZ G V, et al., 2017. SMOS and Aquarius radiometers: Inter-comparison over selected targets. IEEE Journal of Selected Topics in Applied Earth Observations and Remote Sensing, 7: 3833-3844.

SENA M M, SERRA N, STAMMER D, 2015. Spatial and temporal scales of sea surface salinity variability in the Atlantic Ocean. Journal of Geophysical Research: Oceans, 120: 4306-4323.

SUBRAHMANYAM B, MURTY V S N, HEFFNER D M, 2011. Sea surface salinity variability in the tropical Indian Ocean. Remote Sensing of Environment, 115: 944-956.

TONG L, 2016. Consistency of Aquarius sea surface salinity with Argo products on various spatial and temporal scales. Geophysical Research Letters, 43: 3857-3864.

TORRES F, CORBELLA I, LIN W, et al., 2011. Minimization of image distortion in SMOS brightness temperature maps over the ocean. IEEE Geoscience and Remote Sensing Letters, 9: 18-22.

TURIEL A, NIEVES V, GARCIA-LADONA E, et al., 2009. The multifractal structure of satellite sea surface temperature maps can be used to obtain global maps of streamlines. Ocean Science, 5: 447-460.

TZORTZI E, SROKOSZ M, GOMMENGINGER C, et al., 2016. Spatial and temporal scales of variability in tropical Atlantic sea surface salinity from the SMOS and Aquarius satellite missions. Remote Sensing of Environment, 180: 418-430.

VINE D, LAGERLOEF G, TORRUSIO S E, 2010. Aquarius and remote sensing of sea surface salinity from space. Proceedings of the IEEE, 98: 688-703.

VINE D, DINNAT E P, LAGERLOEF G, et al., 2015. Aquarius: Status and recent results. Radio Science, 49: 709-720.

VINOGRADOVA N T, PONTE R M, 2013. Small-scale variability in sea surface salinity and implications for satellite-derived measurements. Journal of Atmospheric and Oceanic Technology, 30: 2689-2694.

XIE P, BOYER T, BAYLER E, et al., 2014. An in situ-satellite blended analysis of global sea surface salinity. Journal of Geophysical Research: Oceans, 119: 6140-6160.

YUEH S H, CHAUBELL J, 2012. Sea surface salinity and wind retrieval using combined passive and active L-band microwave observations. IEEE Transactions on Geoscience and Remote Sensing, 50: 1022-1032.

YUEH S H, TANG W, FORE A, et al., 2014. Aquarius geophysical model function and combined active passive algorithm for ocean surface salinity and wind retrieval. Journal of Geophysical Research: Oceans, 119(8): 5360-5379.

ZHANG Y, DU Y, QU T, 2016. A sea surface salinity Dipole mode in the tropical Indian Ocean. Climate Dynamics, 47: 2573-2585.

第4章 海洋盐度卫星产品误差评估与校正

▶ ▶ ▶

卫星盐度数据为监测和分析中小尺度海表盐度的变化提供了可能性。然而，由于 SMOS、Aquarius 和 SMAP 等不同卫星在反演算法、时空分辨率、轨道宽度、辅助数据和误差校正策略等方面存在差异，其网格产品的质量也存在不同。在卫星盐度数据应用前，校准和验证是数据准确性的保证。先前的研究将卫星盐度数据与实测数据进行比较评估盐度数据质量，但主要针对 SMOS 卫星和 Aquarius 卫星数据产品。由于 SMAP 卫星的发射较晚，相关研究较少（Tang et al.，2017）。另外，尚未有研究将三颗卫星最新发布的网格产品进行长时间序列质量比较分析。本章将 SMOS、Aquarius 和 SMAP 三颗卫星最新发布的 L3 级海表盐度产品与实测海表盐度数据进行对比，目的是评估卫星网格产品的精度，这有助于明确需要进一步改进反演算法的区域，同时可为卫星盐度产品在不同时空尺度的科学应用提供参考。

此外，可靠的卫星盐度产品不仅需要精度高（较低的均方根误差），而且应能准确揭示盐度的时空变化（即反映海洋现象）。到目前为止，对海洋盐度卫星的评估研究主要集中在卫星盐度产品的精度上。卫星盐度产品的质量评估主要通过比较卫星产品与实测数据的均方根误差实现，而对卫星盐度产品描述海洋现象的能力的定量研究很少。在评估卫星数据反映海洋现象的能力时，有研究比较了卫星盐度数据和实测数据之间的海表盐度时间序列，以分析卫星盐度数据是否可以捕获短期内快速的盐度变化（Menezes，2020），一些研究通过分析波数频谱的斜率并比较频谱能量来判断卫星产品的有效分辨率（Yan et al.，2019；Olmedo et al.，2016），还有通过奇异性分析方法来分析海洋变量的多分形结构以刻画盐度的空间变化（Turiel et al.，2009）。本章将引入两种新的评估方法（信息熵和局部方差），从新的角度评估卫星海表盐度数据反映海洋现象的能力，同时对近岸偏差较大的卫星盐度产品进行偏差校正。

4.1 卫星盐度产品准确度评估

本节主要评估的卫星产品有 Aquarius V5.0 L3 产品（本章缩写为 Aquarius）、SMOS BEC L3 V2.0 产品（缩写为 SMOS BEC）、SMOS CATDS CEC-LOCEAN L3 Debiased V4.0 产品（本章缩写为 SMOS CATDS）和 SMAP L3 SSS V4.0 产品（本章缩写为 SMAP）。其中 Aquarius 产品的空间分辨率为 1°×1°，时间范围为 2011 年 8 月～2015 年 6 月。SMOS BEC 产品来自 L3 全球 SMOS SSS V2.0 产品，时间分辨率为 9 天，空间分辨率为 0.25°×

0.25°。SMOS CATDS 产品来源于 9 天平均的 CEC-Locean L3 Debiased V4.0 产品，其空间分辨率为 0.25°×0.25°，其系统误差已通过改进去偏差方法进行了进一步校正（Boutin et al.，2018）。SMOS CATDS 和 SMOS BEC 产品的时间范围均为 2011 年 1 月～2018 年 12 月。此外，对两种 SMOS 产品进行月平均，以便获得与实测数据相同的时间分辨率。SMAP 产品来源于 SMAP SSS L3 V4.0 产品，有两个版本，即 40 km 版本和 70 km 版本。

实测数据集 EN.4.2.1 用于验证卫星盐度产品，它是由 Met Office Hadley 中心发布。EN.4.2.1 数据集基于全球温度和盐度资料计划（global temperature and salinity profile programme，GTSPP）、世界大洋数据集 2009（world ocean database 2009，WOD09）和 Argo 获得的剖面资料（Good et al.，2013）。EN.4.2.1 月平均 1°×1° 盐度场是基于客观分析方法，由经过质量控制后的不同方式（Argo、CTD、浮标）测量的盐度剖面计算得出的。EN.4.2.1 数据集除 Argo 获得的剖面资料外还包含大量其他实测盐度资料，对那些不适合用 Argo 浮标验证的区域将起到关键作用，例如在近表层层结强或河流出海口附近，选择实测数据的最浅层作为海表数据。

另外，盐度卫星数据和实测数据之间存在固有的采样差异。卫星 L2 数据沿轨道带进行采样，SMOS 和 SMAP 卫星产品的分辨率约为 40 km，Aquarius 卫星产品的分辨率为 100～150 km，并将其进一步在空间/时间平均为 L3 数据。但是，诸如 Argo 浮标之类的实际观测值为实时测量单个点的盐度。因此，在尽可能相同的时空尺度上匹配卫星产品与实测资料是确保验证可靠性的基础。本节将所有月平均海表盐度产品插值成与 EN.4.2.1 场相同的空间分辨率（1°×1°）。

4.1.1 与实测网格盐度场对比

图 4.1 所示为 2015 年 4 月不同盐度卫星和 EN.4.2.1 数据集的海表盐度场。在盐度场的大尺度特征方面，SMOS、Aquarius 和 SMAP 三颗卫星海表盐度数据的盐度空间分布与 EN.4.2.1 数据一致，例如位于亚热带北部和南部大西洋、热带东南太平洋和南太平洋的高盐度区域，以及在南太平洋汇聚区、东太平洋淡水池和北太平洋的低盐度地区。值得注意的是，SMAP 卫星数据和 Aquarius 卫星数据的地理覆盖范围比 SMOS 卫星数据广，例如在地中海、红海、波斯湾和中国沿海等较接近陆地的地区。

卫星产品和 EN.4.2.1 数据之间的月平均海表盐度偏差如图 4.2（a）～（c）所示。图 4.2（d）显示了不同卫星数据海表盐度偏差的纬向分布。与 Aquarius 和 SMAP 卫星数据相比，由于近地污染，SMOS 卫星数据的偏差在近海岸地区更大。SMAP 卫星在中国、韩国和日本附近的西太平洋及孟加拉湾的盐度负偏差很可能是由未检测到的 RFI 导致。此外，SMOS 卫星海表盐度值通常在南半球（高于 50°S）大于实测盐度，而 SMAP 卫星海表盐度值却小于实测盐度。在北半球的高纬度地区，三颗卫星产品具有负偏差。从图 4.2（d）中可以看出，SMAP 卫星在热带海洋中呈正偏，并且在赤道附近偏差最大。同时，SMAP 卫星数据的纬向平均偏差随纬度从亚热带到极地变为负值，并逐渐变大。除南大洋（45°S 以南）外，SMOS 卫星数据总体上具有负偏差。SMAP 卫星和 SMOS 卫星数据在热带海洋中具有较大的偏差，且在赤道附近（8°N）的偏差最大。与 EN.4.2.1

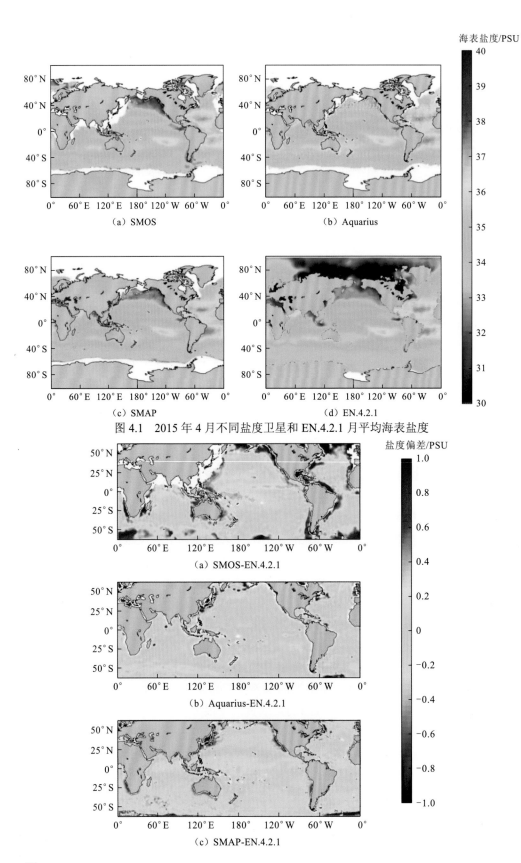

（a）SMOS

（b）Aquarius

（c）SMAP

（d）EN.4.2.1

图 4.1　2015 年 4 月不同盐度卫星和 EN.4.2.1 月平均海表盐度

（a）SMOS-EN.4.2.1

（b）Aquarius-EN.4.2.1

（c）SMAP-EN.4.2.1

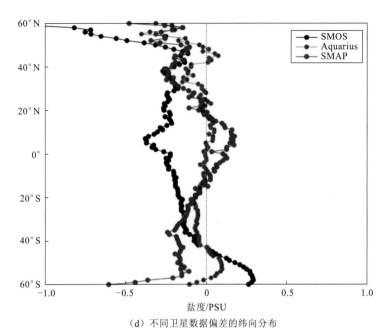

（d）不同卫星数据偏差的纬向分布

图 4.2　SMOS、Aquarius、SMAP 卫星数据与 EN.4.2.1 数据偏差的空间分布

及不同卫星数据偏差的纬向分布

数据相比，Aquarius 卫星数据与实测数据差异较小。总体而言，通过比较表明，三种卫星产品中，Aquarius 卫星数据在 40°S～40°N 表现得最好，偏差小于 0.1 PSU。

图 4.3 为三个卫星盐度产品的平均均方根偏差分布图。从图中可以看出，卫星盐度产品在热带海洋和远离海岸区域误差较小，与实测数据较为吻合（RMSD＜0.2 PSU），但在高纬度和沿海地区可观察到较大的偏差值。图 4.4 所示为卫星盐度产品在 60°S～60°N、40°S～40°N、40°S～40°N 且排除近岸区域的均方根偏差时间序列。在 60°S～60°N，Aquarius 卫星数据的均方根偏差最低，为 0.25～0.34 PSU。在 2015 年 4 月～2017 年 4 月，SMOS 和 SMAP 卫星数据的均方根偏差相似。此外，SMAP 的均方根偏差自 2017 年 5 月以来出现异常上升，8～10 月达到约 0.9 PSU。图 4.4（b）所示为卫星盐度产品在 40°S～40°N 的均方根偏差。SMAP 卫星数据的均方根偏差范围缩小为 0.37～0.48 PSU，消除了 2017 年 8～10 月的可疑峰值，这表明 SMAP 卫星数据的均方根偏差在 2017 年 5～10 月异常上升[图 4.4(a)]可能是由 SMAP 卫星在高纬度地区误差造成的。当排除 40°S～40°N 的海岸区域时，SMOS 和 SMAP 卫星数据的均方根偏差接近，SMOS 卫星数据的均方根偏差（0.211 PSU）略低于 SMAP 卫星数据（0.233 PSU）。值得注意的是，SMOS 卫星数据的均方根偏差似乎在 8～11 月具有季节性峰值，表明 SMOS 卫星数据反演效果可能受到某些季节性过程的影响。

卫星盐度数据与 EN.4.2.1 数据的偏差统计如表 4.1 所示。三个卫星盐度产品在 40°S～40°N 的均方根偏差与在 60°S～60°N 的均方根偏差相比略有下降（约 0.048 PSU）。但是，当排除 40°S～40°N 的海岸区域时，SMAP 和 SMOS 卫星数据的平均均方根偏差减少约 0.19 PSU。对比表明，岸边的均方根偏差大于高纬度的均方根偏差。总体来说，Aquarius 卫星数据的均方根偏差是三种卫星产品中最低的，而在开阔海域（0.157 PSU）低于 0.2 PSU，达到了卫星设计精度。

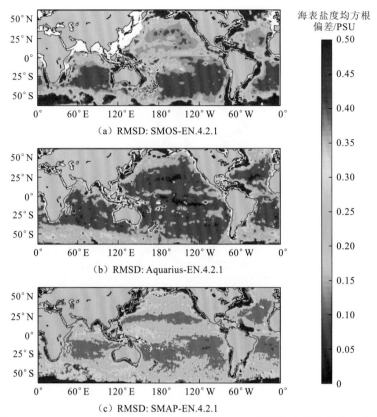

（a）RMSD: SMOS-EN.4.2.1

（b）RMSD: Aquarius-EN.4.2.1

（c）RMSD: SMAP-EN.4.2.1

图 4.3　SMOS、Aquarius、SMAP 数据与 EN.4.2.1 数据均方根偏差空间分布

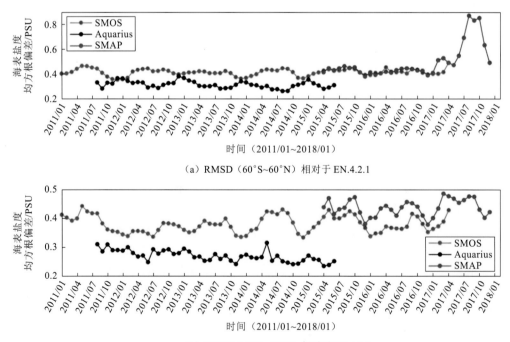

（a）RMSD（60°S~60°N）相对于 EN.4.2.1

（b）RMSD（40°S~40°N）相对于 EN.4.2.1

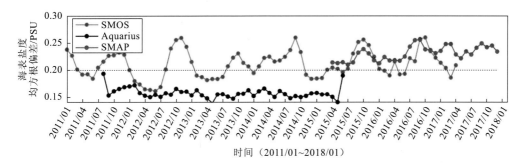

（c）RMSD（40°S~40°N，排除海岸区域）相对于 EN.4.2.1

图 4.4　不同纬度带盐度卫星产品和现场实测海洋盐度月均方根偏差变化曲线

表 4.1　卫星盐度数据与 EN.4.2.1 数据的偏差统计

项目	60°S~60°N			40°S~40°N			40°S~40°N 且排除近岸区域		
	SMOS	Aquarius	SMAP	SMOS	Aquarius	SMAP	SMOS	Aquarius	SMAP
偏差	−0.113	−0.019	−0.078	−0.189	−0.028	−0.029	−0.108	−0.014	0.006
标准差	0.397	0.315	0.487	0.328	0.269	0.435	0.177	0.156	0.232
均方根偏差	0.416	0.316	0.494	0.380	0.271	0.437	0.211	0.157	0.233

　　为了研究不同海洋区域卫星数据质量，选择了几个代表性区域（图 4.5）。这些地区包括：北太平洋（North Pacific，NP）地区（170°E~220°E 和 45°N~60°N）和北大西洋（North Atlantic，NA）地区（15°W~50°W 和 45°N~60°N），它们位于高纬度冷水区；北美西部海岸（North America Western Coast，NAWC）地区（120°W~130°W 和 25°N~50°N），代表近海岸地区；亚马孙河河口（Amazon River Mouth，ARM）区域（45°W~60°W 和 0°N~20°N），它与陆地相邻并且存在较强的径流。

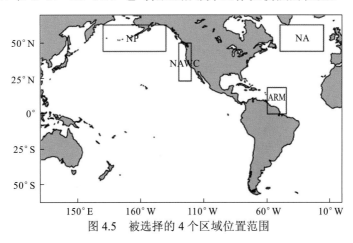

图 4.5　被选择的 4 个区域位置范围

　　在高纬度地区，三颗卫星产品的误差大，特别是在北大西洋，SMOS 卫星数据的均方根偏差可达 0.9 PSU［图 4.6（c）］。这可能是由于在冷水中 L 波段辐射计对盐度变得不敏感且介电模型精度下降（Reagan et al.，2014），同时在高纬度强风下表面粗糙度过大（Lagerloef et al.，2008），且存在海冰污染。而在高纬度地区，SMAP 和 Aquarius 卫星数据的均方根偏差低于 SMOS 卫星数据，这可能是由于 SMAP 卫星数据在粗糙度校正中的地球物理模型函数（geophysical model function，GMF）与 Aquarius 卫星数据相同（Meissner et al.，2018），而 Aquarius 卫星数据可以使用雷达数据在高风速下进行粗糙度校正。

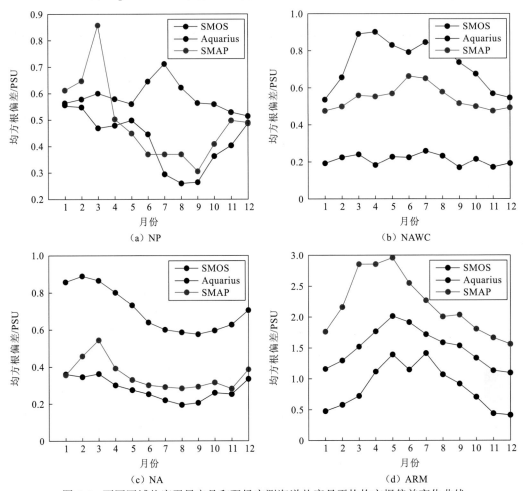

图 4.6　不同区域盐度卫星产品和现场实测海洋盐度月平均均方根偏差变化曲线

在沿海附近地区存在多种误差来源，包括沿海的现场观测数据不足、无线电频率干扰误差及近地污染。无线电频率干扰会导致海表盐度值较低，主要集中在西北太平洋（我国、日本附近）和东北大西洋。我国沿海附近 SMAP 卫星数据存在较大负偏差和均方根偏差[图 4.2（c）和图 4.3（c）]的主要原因是无线电频率干扰。对于亚马孙河河口地区，卫星海表盐度的均方根偏差较大（图 4.3），特别是 SMAP 卫星数据的均方根偏差在 5 月达到 3 PSU[图 4.6（d）]。一方面，亚马孙河的河流冲淡水使海表海水被稀释，造成近表层海水存在明显的盐度分层。卫星数据和实测数据具有不同的测量深度（卫星测量深度为海表几厘米，实测数据为 2～10 m），因此它们之间会出现负偏差。同时，在 5 月不同卫星产品的均方根偏差均达到最大，这可能是因为亚马孙河在 3～6 月进入了洪灾高发季。另一方面，5 月出现较大均方根偏差是由实测数据采样不足导致的（Tang et al.，2014）。亚马孙河河口、非洲南部海岸、我国沿海等地的采样数据较少，实测数据月平均网格化产品的误差很大，因此，在这些区域使用实测数据来验证卫星数据会带来额外的误差。

4.1.2 与热带太平洋浮标对比

热带大气海洋（tropical atmosphere ocean，TAO）浮标可提供高时间分辨率的海表盐度测量，用于评估周时间尺度卫星数据。将 SMOS 和 SMAP 日平均网格产品插值到每个浮标位置得到该位置的卫星盐度产品时间序列。图 4.7 所示为两个 TAO 浮标位置上不同卫星产品的海表盐度时间序列。从图中可知，SMOS 和 SMAP 海表盐度产品均与浮标盐度数据吻合良好，并捕获浮标短时间内的盐度剧烈变化，如 2016 年 5 月～2017 年 9 月在（2°N，125°W）海表盐度的快速波动[图 4.7（a）]，以及 2016 年 6 月在（5°N，140°W）海表盐度下降约 1.5 PSU[图 4.7（b）]。然而，月平均 EN.4.2.1 产品仅显示该期间盐度变化的平均趋势。

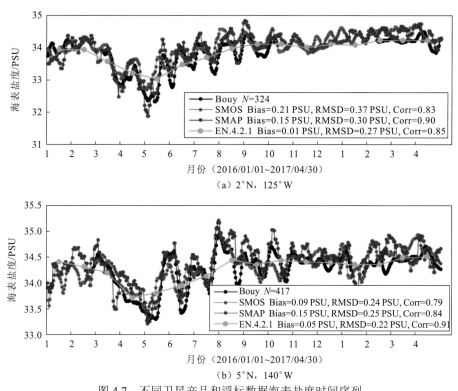

图 4.7 不同卫星产品和浮标数据海表盐度时间序列

图 4.8 所示为 SMAP 和 SMOS 海表盐度产品与 TAO 浮标在 1 m 深度处的盐度比较的偏差、均方根偏差和相关系数结果。由于不同浮标位置的匹配样本数目不同，为保证统计结果的有效性，图 4.8 中仅选择了超过 60 个匹配样本的浮标。与 TAO 浮标数据相比，SMAP 海表盐度产品表现出正偏差，而 SMOS 海表盐度产品为负偏差。通常在大多数位置，卫星海表盐度产品与 TAO 浮标数据之间的相关系数都大于 0.7[图 4.8（e）和（f）]。相关性分析结果表明，大多数卫星海表盐度数据和 TAO 浮标的变化是一致的。图 4.9 为所有 TAO 浮标阵列上卫星海表盐度产品与浮标 1 m 盐度数据之间的偏差和均方根偏差的

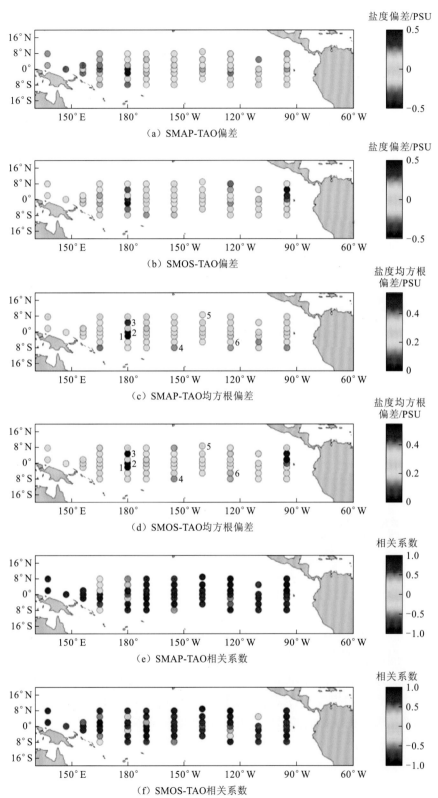

图4.8　SMAP 和 SMOS 海表盐度与 TAO 浮标在 1 m 测得盐度对比

直方图。两种卫星海表盐度产品的偏差主要分布在-0.4~0.4 PSU，基本呈高斯分布。与SMOS 海表盐度产品（Bias=-0.01 PSU）相比，SMAP 海表盐度产品具有浮标的正偏差（Bias=0.1 PSU），峰值分布为 0.1 PSU，这与 EN.4.2.1 数据的结果一致。SMOS 和 SMAP 海表盐度产品的均方根偏差空间分布相似，均在太平洋中部存在低均方根偏差（约 0.2 PSU）[图 4.8（c）和（d）]。在热带太平洋地区，SMOS 海表盐度产品的均方根偏差略低于 SMAP 海表盐度产品[图 4.9（b）]。值得注意的是，沿 180°E 的三个位置的 SMOS 和 SMAP 海表盐度产品与 TAO 浮标之间存在较大差异。

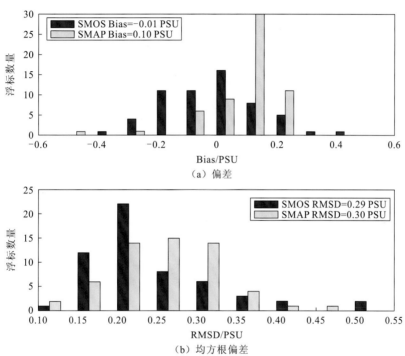

图 4.9 2016 年 1 月 1 日~2017 年 4 月 30 日 SMOS、SMAP 海表盐度产品与
TAO 浮标在 1 m 处盐度之间的偏差和均方根偏差直方图

图 4.10 为位于（2°S，180°W）的 TAO 浮标 1 m 盐度与 SMOS、SMAP 和 Argo 海表盐度时间序列比较图。2016 年 3~8 月的浮标数据远远大于卫星和 Argo 测量数据，这很可能是由浮标盐度传感器的故障造成的。这表明卫星海表盐度可以对浮标 1 m 处盐度进行质量控制（quality control，QC）。对比浮标位置处不同盐度产品数据，进一步发现有 6 个可疑浮标[已在图 4.8（c）标注]，其时间序列中存在较大的观测偏移。

表 4.2 所示为排除 6 个可疑浮标后剩余浮标与 SMOS 和 SMAP 数据的比较结果。SMOS 数据和剩余浮标数据之间的相关系数略低于 SMAP 数据（SMOS 为 0.64，SMAP 为 0.70），而 SMOS 数据的均方根偏差略低于 SMAP 数据（SMOS 为 0.25 PSU，SMAP 为 0.26 PSU）。

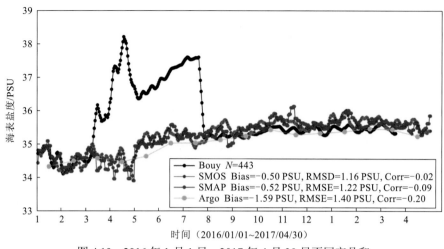

图 4.10　2016 年 1 月 1 日～2017 年 4 月 30 日不同产品和
位于（2°S，180°W）浮标海表盐度时间序列

表 4.2　排除 6 个可疑浮标后剩余浮标与 SMOS 和 SMAP 数据的比较结果

数据	偏差/PSU	均方根偏差/PSU	相关系数
SMOS	0.02	0.25	0.64
SMAP	0.14	0.26	0.70

4.2　卫星盐度产品的海洋现象刻画能力评估

盐度锋在海洋中定义为盐度明显不同的两种或几种水体之间的狭窄过渡带，具体阈值分不同区域而定，如行星尺度锋、强西边界流的边缘锋、陆架坡折锋、上升流锋、羽状锋和浅海锋等。本节主要研究行星尺度锋中的热带太平洋盐度锋。众所周知，热带太平洋的盐度锋线标志着西太平洋暖池（West Pacific warm pool，WPWP）的东边缘和东太平洋淡水池（East Pacific fresh pool，EPFP）的西边缘的位置，并且它们的位移与厄尔尼诺-南方涛动（El Niño-Southern Oscillation，ENSO）密切相关。由于热带太平洋卫星海表盐度产品的均方根偏差较小，在开阔海域约为 0.2 PSU，本节通过信息熵、局部方差和波数谱分析评估卫星海表盐度产品在描述热带太平洋盐度锋的能力。

4.2.1　评估指标

信息熵是信息不确定性的量度，可以作为系统复杂度的评估指标。信息熵是所有可能发生事件所带来的信息量的期望。如果系统越复杂，出现不同种类的情况越多，信息熵就越大。本小节中信息熵和局部方差被用作质量度量，来评估卫星海表盐度数据反映海洋现象的能力。信息熵可以表示为

$$H = -\sum_{i=1}^{n} P_i \lg P_i \qquad (4.1)$$

式中：H 为信息熵；P_i 为一个随机事件发生的可能性。熵的单位为 hartley（简写为 hart，1 hart=3.219 bit）。在计算海表盐度熵的空间分布时，每个格点上的海表盐度时间序列构成一个随机实验序列。在计算熵的时间变化时，某月海表盐度的空间分布构成一个随机序列。在计算海表盐度熵时，将海表盐度（28~38 PSU）每 1 PSU 分一级，共分为 11级，小于 28 PSU 或大于 38 PSU 分为一级，计算每一级的 P_i，然后在时间和空间上求和计算熵值。

局部方差最初是为评估图像质量而提出的，之后被用来揭示遥感图像的空间结构。变量的内部变化大小可以通过局部方差来计算，局部方差越大，变量的空间结构越精细。局部方差用于评估海表盐度产品中的空间结构变化大小，可定义为

$$\mathrm{Var}_j = \frac{1}{m-1} \sum_{i=1}^{m} (S_i - \overline{S_j})^2 \qquad (4.2)$$

$$\mathrm{LVar} = \frac{1}{n} \sum_{j=1}^{n} \mathrm{Var}_j \qquad (4.3)$$

式中：S_i 为滑动窗口中第 i 个网格的海表盐度，该滑动窗口的中心网格点为第 j 个网格单位；$\overline{S_j}$ 和 Var_j 分别为滑动窗口中海表盐度的平均值和方差；n 为海表盐度场中滑动窗口的数量；LVar 为海表盐度场的局部方差。

4.2.2 热带太平洋盐度锋纬向位移评估

图 4.11（a）～（f）为 2015 年 5 月热带太平洋中不同产品的海表盐度场，所有产品均观测到了赤道淡水池和亚热带盐度最大值。与 EN.4.2.1 数据相比，在热带太平洋卫星海表盐度场显示了更为详细的盐度特征。另外，SMAP_40 km 数据的中尺度变化最大。利用式（4.4）计算水平盐度梯度，可确定热带太平洋的盐度锋[图 4.11（g）～（l）]：

$$\nabla \mathrm{SSS} = \sqrt{\left(\frac{\partial S}{\partial x}\right)^2 + \left(\frac{\partial S}{\partial y}\right)^2} \qquad (4.4)$$

式中：$\dfrac{\partial S}{\partial x}$ 和 $\dfrac{\partial S}{\partial y}$ 分别为盐度纬向和经向梯度。在所有产品中，经向梯度明显大于纬向梯度。盐度锋的位置与 34.6 PSU 等值线较为吻合，一个盐度锋靠近赤道，与热带辐合带（intertropical convergence zone，ITCZ）南边界对齐，另一个盐度锋位于约 12°N。在 EPFP东部存在较强的盐度锋，盐度水平梯度超过 0.8 PSU/100 km。与平滑的 EN.4.2.1 数据相比，卫星海表盐度图中显示了更精细和更强的盐度锋结构，尤其在 SMAP_40 km 梯度图中[图 4.11（k）]。

图 4.12 中 34.6 PSU 等盐线揭示了海表盐度锋面的纬向位移。海洋厄尔尼诺指数（oceanic Niño index，ONI）在拉尼娜期间被标记为蓝色，在厄尔尼诺期间被标记为红色，在正常状态下被标记为绿色。除 SMOS BEC 外，遥感产品和实测数据的盐度锋位移变化较为吻合。在拉尼娜时期（2011 年 1 月～2012 年 1 月），西太平洋暖池回缩，盐度锋面从

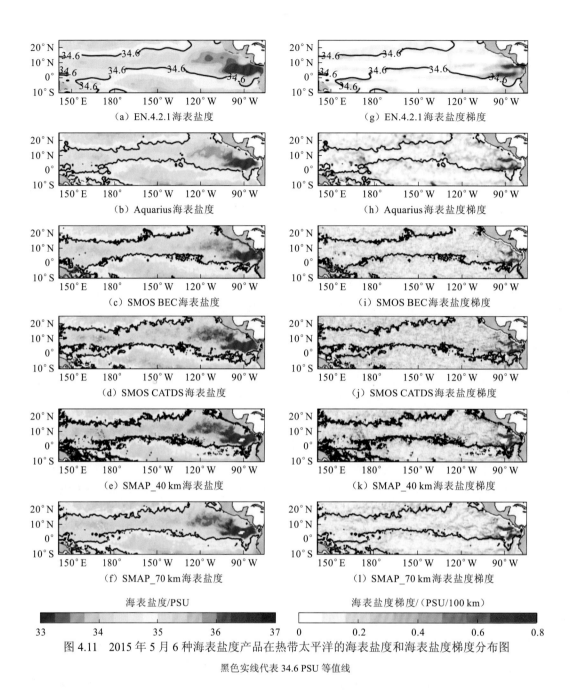

图 4.11 2015 年 5 月 6 种海表盐度产品在热带太平洋的海表盐度和海表盐度梯度分布图

黑色实线代表 34.6 PSU 等值线

160°E 向西移动至约 140°E。在 2012～2014 年（正常年份，图 4.12 中的绿线），34.6 PSU 等值线在 150°E～170°E 移动。但在 2015～2016 年强 ENSO 的情况下（自 1950 年以来三场最强的厄尔尼诺事件之一），盐度锋线向东移动至约 160°W。同时，在北太平洋 20°N 附近观察到明显的淡水池（图 4.13），东太平洋淡水池的西边界（以 34.3 PSU 等值线表示）扩展至约 160°W。然而，值得注意的是，在 2015～2016 年强 ENSO 期间，SMOS BEC 数据的赤道盐度锋纬向位移从 155°E 移至 170°E 附近，且东太平洋淡水池的西边界在 20°N 附近仅达到 140°W 左右，远小于其他卫星盐度产品盐度锋位移。

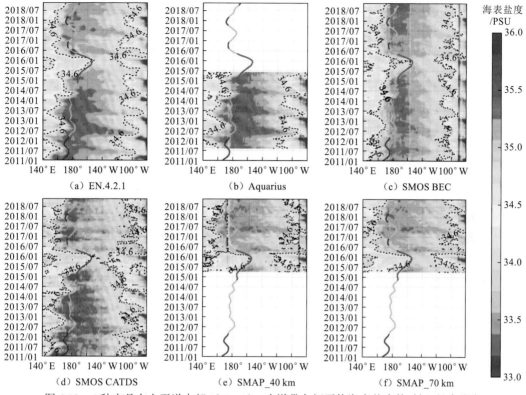

图 4.12　6 种产品在太平洋中部 2°S～2°N 赤道带之间平均海表盐度的时间-经度分布

黑色虚线表示 34.6 PSU 等值线，代表盐度锋

另外，SMOS BEC 数据在时间-经度分布图上部分经度有明显的竖直线，例如图 4.12 中的 90°W 和图 4.13 中的 158°W。从图 4.14 不同产品的海表盐度场中可以发现，SMOS BEC 数据中的竖直线是由于其并未移除伊莎贝拉岛（Isabela Island）［图 4.14（a）］和夏威夷群岛［图 4.14（b）］附近受近地污染严重的海表盐度值。相似的情况也发生在 SMAP_40 km 数据在 175°E 上的异常竖直线［图 4.12（e）］。SMAP_40 km 数据在吉尔伯特群岛（172°E～176°E）上具有异常低的海表盐度。这些岛上异常数据属于人造伪信号，本应该被剔除。

Qu 等（2014）研究了盐度锋和 ENSO 之间的相关性。图 4.15 对比了 6 种海表盐度产品的 Nino-S34.6 指数（34.6 PSU 等值线在赤道的经度位置）和 ONI。除 Aquarius 产品外，不同产品的 Nino-S34.6 指数与 ONI 高度相关（相关系数约为 0.85），这表明来自实测数据和卫星海表盐度产品皆有效揭示了厄尔尼诺现象。Aquarius 数据时间跨度为 2011 年 1 月～2014 年 4 月，主要位于 ENSO 正常年份。而在正常年份，所有产品的 Nino-S34.6 指数与 ONI 之间相关性都较低。Aquarius 数据的低相关性并不能说明其不能反映厄尔尼诺现象。同时，从 SMOS CATDS、SMAP_40 km 和 SMAP_70 km 数据中得到的 Nino-S34.6 指数（相关系数约为 0.88）比 SMOS BEC（相关系数为 0.767）与 ONI 更符合。

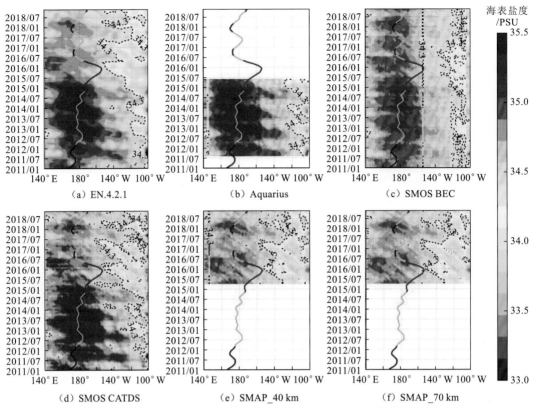

图 4.13　6 种产品在太平洋中部 18°N～22°N 赤道带之间平均海表盐度的时间-经度分布

黑色虚线表示 34.3 PSU 等值线，代表 EPFP 的西边界

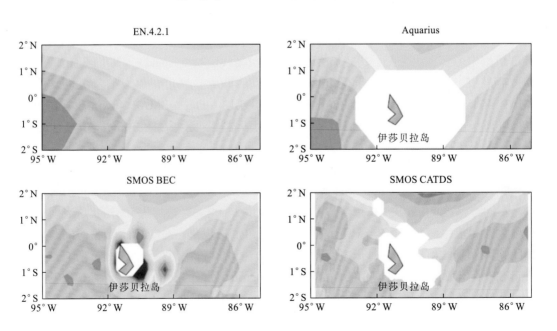

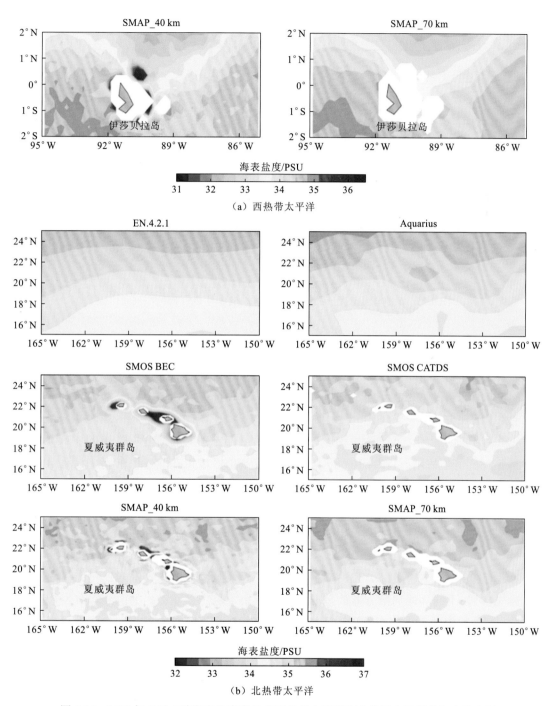

图 4.14　2015 年 5 月 6 种海表盐度产品在西热带太平洋和北热带太平洋的海表盐度场

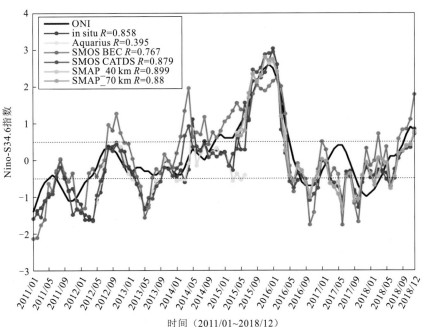

图 4.15　6 种海表盐度产品的 Nino-S34.6 指数与 ONI 时间序列对比

4.2.3　质量指标评估

本小节将局部方差和信息熵两种方法用作质量指标，以评估卫星海表盐度数据反映海洋现象的能力。

局部方差的空间分布与盐度梯度分布类似。局部方差大的地方主要分布在赤道附近的 34.6 PSU 等值线附近［图 4.16（a）］。局部方差高值区域也在北赤道东侧淡水池（0.4～0.5 PSU^2），该区域也是盐度梯度最高的区域，表明这里存在较大的海表盐度变化和精细的空间模态。Aquarius、SMOS BEC 和 SMAP_40 km 产品在热带太平洋的某些岛屿局部方差较大，如北马里亚纳群岛（8°N～20°N，144°E～147°E）、特鲁克群岛（7.5°N，151.5°E）、波纳佩岛（7°N，158°E）、吉尔伯特群岛（2°S～2°N，172°E～176°E）和马克萨斯群岛（7°S～10°S，138°W～40°W）。从不同海表盐度产品对比可知（图 4.14 和图 4.17），不同岛屿局部方差的差异是由这三个卫星产品在岛屿上的异常海表盐度引起的。这些海表盐度本该在近陆地污染环节被剔除，说明局部方差识别出了卫星产品在岛屿处的异常海表盐度。对于时间序列［图 4.16（b）］，所有海表盐度产品的局部方差随时间稳定变化。由于空间分辨率较高，SMOS 和 SMAP（0.25°）数据与 EN.4.2.1 和 Aquarius（1°）数据相比具有更高的局部方差。值得注意的是，SMAP_40 km 产品的局部方差（平均值为 0.194 PSU^2）明显高于其他卫星海表盐度产品，表明 SMAP_40 km 产品比其他卫星海表盐度产品表征了更精细的空间分布。

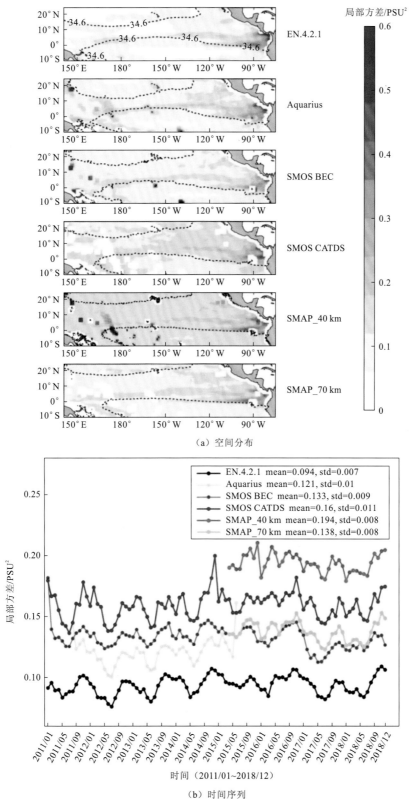

（a）空间分布

（b）时间序列

图 4.16　6 种海表盐度产品的局部方差空间分布和时间序列

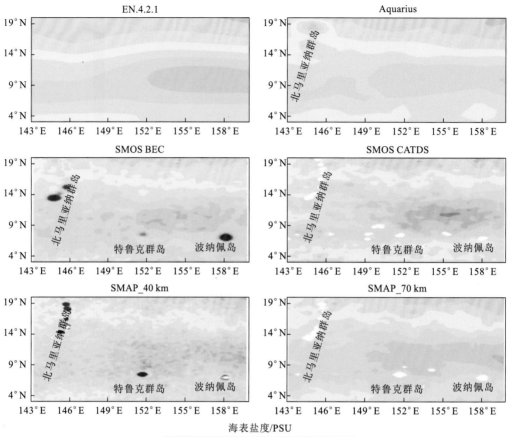

（a）西北热带太平洋

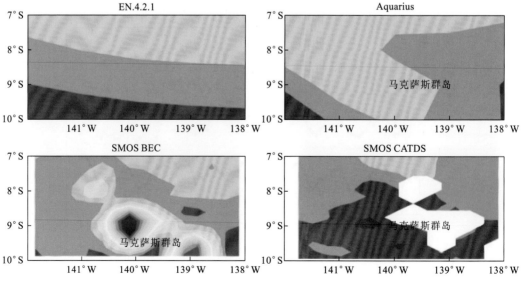

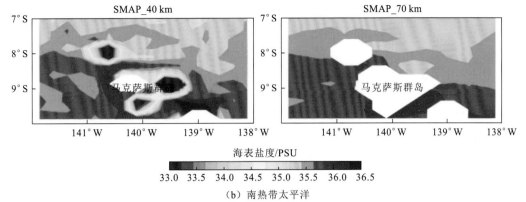

（b）南热带太平洋

图 4.17　2015 年 4 月 6 种海表盐度产品在西北热带太平洋和南热带太平洋的海表盐度

　　为了确定上述 SMAP_40 km 的精细的空间模态是真实信号还是噪声，需要对这些海表盐度场能有效分辨的空间尺度进行定量分析。在热带辐合带中计算了不同产品的空间波数谱。热带辐合带海域远离海岸，可以代表开阔海域的特征，此外，该海域局部方差较高，有精细的空间模态分布。此外，对每个月的盐度场沿每个纬度进行波数谱分析，然后将所有波谱对所有纬度和月份进行平均。在计算波数谱之前，对每个纬度的海表盐度序列进行去趋势。6 种产品在其功率谱上有明显的区别（图 4.18），其中最显著的特点是：在波长小于 200 km 的情况下，SMAP_40 km 场的谱能量远高于其他产品。同时，在中尺度下，SMAP 场随波数变化的谱衰减斜率约为 k^{-1}，表明 SMAP_40 km 场中存在噪声，这与 SMAP_40 km 海表盐度梯度图的噪声和"斑点"现象，以及与其他海表盐度产品相比具有较高的局部方差的特征相一致。这可能是因为其他产品比 SMAP_40 km 产品更能有效滤波。SMAP_70 km 产品是通过将 SMAP_40 km 产品中 8 个相邻的格点进行

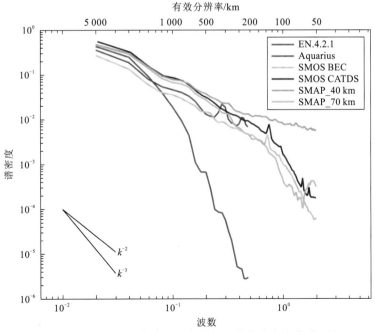

图 4.18　6 种海表盐度产品在热带辐合带的纬向波数谱对比

平均得到的,因此 SMAP_70 km 产品较原先 SMAP_40 km 产品更为平滑。对于 SMOS-BEC 产品,先将 0.25°×0.25° 网格的 L2 盐度进行平均,得到平均盐度场,然后进行 50 km 的高斯滤波,得到平滑后的盐度场。此外,SMOS CATDS L3 产品也对最近邻格点盐度值使用中值滤波以去除噪声。滤波技术降低了卫星产品的噪声,使谱能量表现合理。

EN.4.2.1 海表盐度场的波数谱在大尺度上与 Aquarius 产品非常相似,但在中尺度上具有更陡的谱斜率(k^{-3})。卫星海表盐度场的谱能量始终高于 EN.4.2.1 场,在小尺度上,差异接近两个数量级。这种较高的能量可能表明,具有高空间分辨率的卫星海表盐度产品(SMOS 和 SMAP 产品的空间分辨率约为 40 km,Aquarius 产品的空间分辨率为 100~150 km)比 EN.4.2.1 数据更为有效。同时,SMOS BEC、SMOS CATDS 和 SMAP_70 km 产品的波数谱相似,在中尺度上的谱斜率变陡(k^{-4}),这表明信号在中尺度上衰减。SMAP_70 km 产品在 80 km 左右急剧上升,表明有效分辨率约为 80 km。同理可知,SMOS BEC 和 SMOS CATDS 产品的有效分辨率约为 60 km,这与它们的产品文档中对有效空间分辨率的描述一致。

图 4.19(a)为来自不同产品的信息熵空间分布。所有海表盐度产品均在 EPFP 东部(0°N~7°N,80°W~100°W)有着熵值较大区。这可能是受降水、海洋环流和上升流

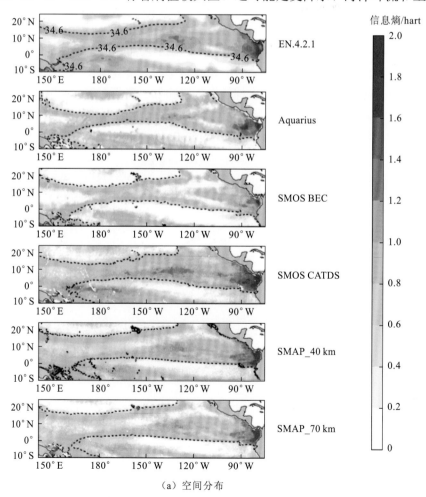

（a）空间分布

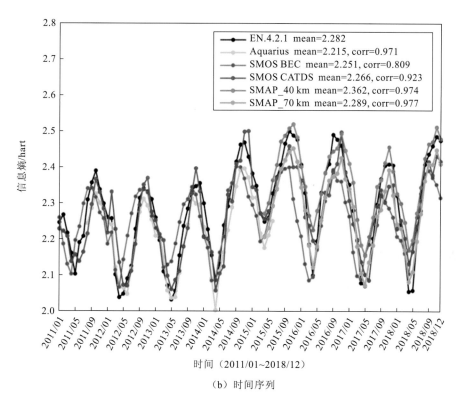

（b）时间序列

图 4.19　6 种海表盐度产品的信息熵空间分布和时间序列

的影响，该区域在海表盐度时间序列上分布更复杂。所有产品在热带太平洋南部和北部高盐区（大于 34.6 PSU，黑色虚线轮廓）的熵值较小，表明该处的盐度时间序列变化波动较小。熵的时间序列在 10～12 月出现季节性峰值，4～6 月出现季节性最小值[图 4.19（b）]，表明某些季节性过程影响了海表盐度空间分布的复杂性。

　　分析表明，信息熵的季节变化与热带太平洋赤道淡水池（0～10°N）和亚热带盐度最大值区域（10°S～0°N，10°N～25°N）海表盐度差值有关。在淡水通量和水平输送的共同作用下，春季（3～5 月）热带太平洋赤道淡水池（0～10°N）的平均海表盐度达到一年中的最大值，两个区域的盐度偏差较小，海表盐度的空间分布比较简单，因此信息熵在一年中最小（图 4.20）。而在冬季（11 月、12 月、1 月）赤道淡水池（0～10°N）平均海表盐度达到一年中的最小值，两个区域的盐度偏差较大，海表盐度的空间分布比较复杂，因此信息熵在一年中较大。从熵年平均时间序列（图 4.21）可以看出，除 BEC 产品外，其余产品的熵都在 2015 年达到最大值，这可能与 2015 年发生的强 ENSO 有关，海表盐度空间分布比较复杂。而 BEC 产品并未反映这一特征，这导致 BEC 产品与实测产品的相关系数低于其他卫星产品，与前述 BEC 产品在 ENSO 期间盐度锋表现较差（图 4.15）吻合。

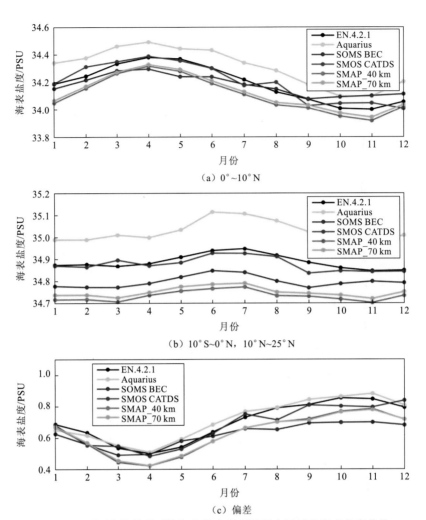

（a）0°~10°N

（b）10°S~0°N，10°N~25°N

（c）偏差

图 4.20　不同产品的月平均海表盐度序列及两个区域的海表盐度偏差

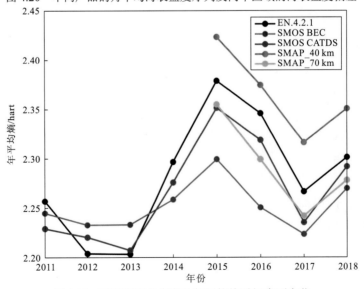

图 4.21　不同海表盐度产品年平均熵时间序列变化

4.3 卫星盐度产品质量控制

4.3.1 产品质量控制标记

遥感海表盐度数据生成过程中的各种物理条件反映在 SMOS 海表盐度产品的质量控制标记中。L2 质量控制标记反映盐度反演质量，涉及亮温观测、反演模型、辅助数据、环境参数等诸多方面，并可分为两类。一类是关键标记，指其中任何一个标记被标识则该 L2 点舍弃不用，包括：①辐射污染、海冰污染、降水污染的亮温观测较多；②正确的亮温观测较少；③反演值超出范围；④反演误差大；⑤反演拟合质量差等。另一类是次关键标记，指被这些标记标识的 L2 点仍然用来进行网格化处理，但存在数据质量低劣的潜在可能，包括：①应用了粗糙度校正；②应用了泡沫校正；③反演迭代失败；④银河系噪声污染的亮温观测较多；⑤处于海岸带；⑥有海冰污染的可能；⑦处于过高或过低的风速、温度、盐度条件；⑧出现温度、盐度锋；⑨海况恶劣等。L3 的每个格点上都有三类标记：第一类计算被关键标记标识而剔除的数据占原始数据的百分比；第二类计算保留下来的数据中被各类次关键标记标识的数据占原始数据的百分比；第三类对 L3 格点值计算过程中的不利条件和参数进行标识，包括：①将 L3 算法失败设为背景值；②格点值与背景值的差异大于临界值；③背景值误差大于临界值等。第一类表征的是 L2 剔除过程，对后续产品没有影响，因此本节主要考虑后两类。

4.3.2 产品质量影响因子分析

对 L3 海表盐度的精度有实质影响的标记主要有风温盐状况、海岸地形、最优插值算法性能及与背景场的偏离程度等；其他影响则在对 L2 剔除的过程中排除得比较好。以误差较为典型的 2011 年 7 月为例，对第二类标记≥25%、第三类标记为 1 及理论误差观测场方差大于 0.1 的格点值分别进行剔除，各方案详情见表 4.3 和图 4.22。将图 4.22（b）~（d）与（a）进行对比可知：海面风速过大的区域为 30°S~60°S 间大洋南部的部分海域；海表温度过低的区域在温带中高纬和寒带呈带状分布；而海表盐度极端区则主要是南北大西洋的高盐中心。由图 4.22（e）可知，经过先前的筛选，剩余的海岸地形格点集中于海湾、群岛等岛屿密集区。由图 4.22（f）可知，最优插值失败设为背景场的格点位于 60°S 以南的南极冰盖区及中国海、阿拉伯海等近海和海湾。由图 4.22（g）和（h）可知，远离背景场的格点和理论误差较大的格点分布基本一致，主要在大洋南北边界盐度偏高区，不同之处是远离背景场的格点还包括太平洋南部的盐度偏低区，而理论误差较大的格点没有。另一大误差区（60°S 以南）则由于最优插值失败，已设为背景场，所以误差较低。

表 4.3　各方案的 L3-2 剩余格点数、与 Argo 间误差的均值和标准差（2011 年 7 月）

方案编号	格点选择方案	剩余格点个数	误差均值/PSU	误差标准差/PSU
1	全部	9 886	−0.115	1.141
2	剔除"海面风速过大的 L2 观测≥25%"的格点	9 400	−0.109	1.135
3	剔除"海表温度过低的 L2 观测≥25%"的格点	4 814	0.027	1.242
4	剔除"海表盐度极端的 L2 观测≥25%"的格点	9 605	−0.102	1.106
5	剔除"属于海岸带的 L2 观测≥25%"的格点	8 080	−0.079	1.033
6	剔除"L3 算法失败设为背景场"的格点	8 580	−0.115	1.154
7	剔除"远离背景场"的格点	6 093	−0.175	0.418
8	剔除"理论误差≥0.1 PSU"的格点	6 471	−0.165	0.729

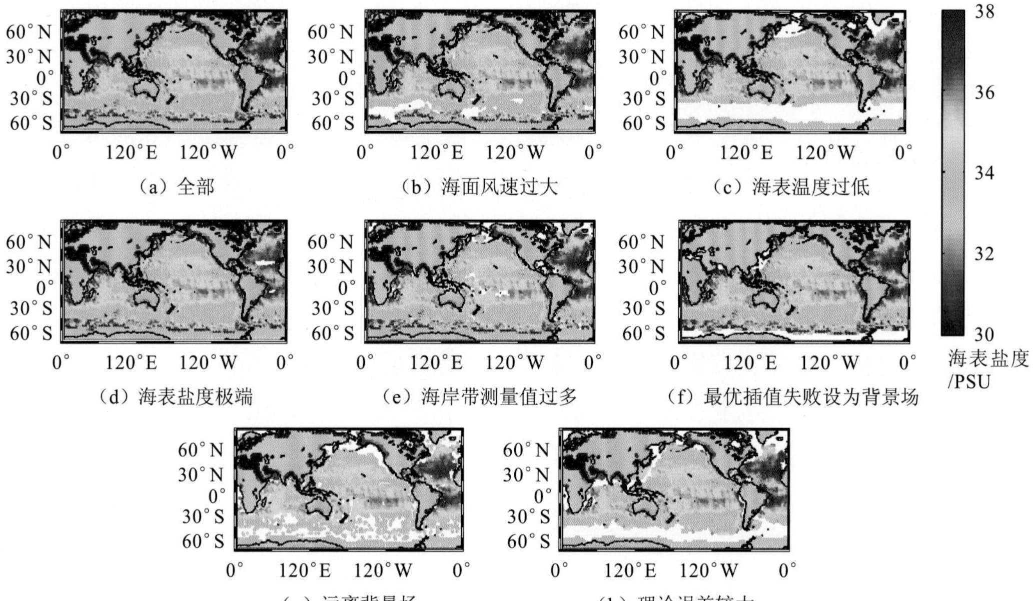

图 4.22　各选择方案下 L3-2 被剔除格点的空间分布（2011 年 7 月）

南半球大洋南部的较大误差可能源于该区域同时存在的过大风速条件和过低温度条件[图 4.22（b）和（c）]。因为在典型的海表粗糙度（主要与风速有关）和温盐度条件下，盐度引起 L 波段亮温的变化仅为 0.2～0.7 K/PSU，即盐度精度要达到 0.1 PSU 则亮温精度需要达到 0.02～0.07 K，这已经是相当苛刻的要求，而在极端的海面条件下如大风低温等，亮温对盐度的敏感性会更差（殷晓斌 等，2005）。其一，Yin 等（2011）指出在 SMOS 卫星产品反演算法中亮温对风速的依赖关系是非线性的，风速在 12 m/s 以上时粗糙度模型的误差会随着风速的增加而增大，在大洋南部的高风速区反演盐度值是整体偏小的。其二，温度引起的亮温变化仅为 ±0.15 K/℃，且温度越低反演盐度的误差越大；剔除低温格点后误差均值从负偏（−0.115）转为正偏（0.027），说明低温的作用也会使反演盐度偏小。

在大洋南北边界，无论是实际误差[图 4.22（g）]还是理论误差[图 4.22（h）]都很大，但该处不在极端风速条件下[盐度偏大而非偏小，图 4.22（b）]、不是海岸带[图 4.22（e）]，执行反演算法的基本物理条件具备，最优插值也没有失败[图4.22（f）]，因此只可能是反演之前的步骤出了问题。考虑60°S一线的海表盐度北侧极大、南侧极小，下垫面分别是海面和冰面，误差可能源于冰面与海面的L波段发射率的差异，当卫星由冰面扫描到海面（上升轨道）时没有很好地考虑这种差异，可能导致"海面-冰面"交界处重构亮温（L1b）的误差较大。同理，60°N一线是阿拉斯加、俄罗斯北部等大块陆地的海岸带，当卫星由陆面扫描到海面（下降轨道）时也会造成这种误差。Tenerelli等（2010）对L2资料的分析确认了这一点，并指出了海陆交界面卫星误差与轨道类型的关系。L3资料采用混合轨道，因此才有误差正偏与负偏共存的复杂形态。事实上，海面-冰面和海面-陆面污染经确认源于试运行阶段亮温重构环节中的一个程序错误（Martin-Neira et al.，2011），后期已对该错误进行了有效处理。

从表4.3可以看出，剔除远离背景场（方案7）、理论误差大（方案8）的格点可以大幅度减小误差，最小标准差为0.4～0.8 PSU；L3算法在大部分区域是成功的（方案6），算法失败区域设为背景场后反倒提高了精度（从1.141 PSU提高到1.154 PSU）；而其他L2相关方案（方案2、4、5）误差虽有所减小，但由于考虑的是局部性因素所以效果不明显，最小误差标准差依然在1.0 PSU以上。可见L2过程的影响是局部性的，而L3过程的影响则是全局性的。基于L3质量控制标记的格点选择方案只能用于定性解释误差机制而不能用于提高数据精度；且遥感海表盐度误差来源除了表4.3所示因素，还有L3质量控制标记未能标记出的其他误差，尤其是亮温误差，其影响也不容忽视。例如，中高纬近陆海域的误差除以上原因外，还可能源于人为辐射噪声造成的无线电频率干扰对观测亮温的影响（Martin-Neira et al.，2011）。又如，最有可能造成包括赤道海域在内的开阔海域的整体误差的因素是观测亮温随时间的长期或短期漂移现象，即由轨道晨昏位置变化、季节更替等因素引起物理温度的变化，导致辐射计信号漂移，从而造成的系统误差。如果热带海域的盐度偏差在9月和10月为正偏而在其他月份为负偏，就可能与季节更替引起的辐射计信号漂移有关。

4.4　卫星海洋盐度误差校正

研究表明，在海洋模式中同化入海表盐度数据不仅提高了海洋上层盐度观测的准确性（Lu et al.，2016；Vernieres et al.，2014；Huang et al.，2008），也能改善海表流场（Chakraborty et al.，2015）、海气通量（Kohl et al.，2015）和ENSO的预报结果（Hackert et al.，2011；Yang et al.，2010）。Hackert等（2011）在耦合模型中使用最优插值的同时同化实测数据的海表盐度和次表层温度，结果表明，与仅同化次表层温度相比，同时同化海表盐度和次表层温度可以提高ENSO的预报能力。Chakraborty等（2015）使用奇异演化扩展卡尔曼（singular evolutive extended Kalman，SEEK）将Aquarius卫星海表盐度数据同化到全球海洋模型，发现同化海表盐度可以改善海表流场估计，同时同化海表盐度和海表温度，可以产生更好的结果。此外，由于卫星数据的空间分辨率较高，卫星海表盐度的同化比实测数据更能有效提高模式结果（Hackert et al.，2014）。但是，海表盐度数据的质量对海表盐度同化的效果具有重大影响。Kohl 等（2015）将未进行额外的偏差校正的 SMOS L2 V5.50 产品直接同化到海洋模式中，发现卫星海表盐度数据同化可能会使盐度模拟恶化。相反，Lu 等（2016）对 SMOS CEC 产品进行了额外的质量控制，并丢弃了高纬度和均方根偏差较大的海表盐度数据，得到较好的同化效果。基于卫星海表盐度数据重建盐度剖面时也存在类似情况，盐度剖面重构性能取决于卫星海表盐度数据误差。

热带印度洋（tropical Indian Ocean，TIO）在全球气候系统中发挥着重要作用。热带印度洋南部远离海岸，盐度卫星数据的质量较好，月平均均方根偏差约为 0.2 PSU。然而，热带印度洋北部在 25° 以北被陆地阻挡，海表盐度受淡水通量、孟加拉湾北部的大陆径流、通过印度尼西亚贯穿流的淡水流入及红海和波斯湾流入咸水等不同过程的影响变化较大。尽管在盐度反演中已校正了卫星海表盐度数据，例如 SMOS BEC V2.0 产品通过去误差非贝叶斯方法消除了系统误差（Olmedo et al.，2017），最新的 SMOS CATDS Debiased V4 产品使用改进的去误差方法减少了纬向偏差和近地污染，但卫星海表盐度产品在阿拉伯海和孟加拉湾仍有较大的均方根偏差。因此，在应用卫星海表盐度同化或重构垂直盐度剖面之前，需要对热带印度洋海表盐度资料进行进一步的误差校正。

前人研究表明，机器学习可有效校正卫星盐度误差。Vernieres 等（2014）使用前馈人工神经网络（feed forward artificial neural network，FFANN）来校正 Aquarius 海表盐度，其模型输入为海表温度（SST）、Aquarius 海表盐度数据、经度、纬度和代表光束和轨道状态的整数。Mu 等（2019）利用广义回归神经网络（generalized regression neural network，GRNN）对南海 SMOS 盐度进行了校正，并将其应用于沿海地区的同化系统。GRNN 的输入是 SMOS 海表盐度、经度、纬度、时间、海表温度和高度计海平面异常（sea level anomaly，SLA）。然而现有的方法很少考虑先进的机器学习方法，而只考虑少量的海表参数来校正卫星海表盐度数据。因此，校正模型的性能仍然可以改进。

本节提出一种基于随机森林（random forest，RF）的卫星海表盐度数据校正模型。随机森林可以在不选择特征的情况下处理高维数据，并且可以在训练后判断特征的重要性。此外，随机性的引入使随机森林不易过拟合（Verikas et al.，2011）。这些优势使随机森林在遥感研究中的表现优于其他机器学习方法，如神经网络和支持向量机（Yu et al.，2011）。同时，选取海面纬向和经向流速（U、V）、降水量（P）、蒸发量（E）、风速（wind speed，WSD）及纬向和经向风应力（T_x、T_y）等变量输入校正模型。这些变量的选取是有意义的，因为它们是盐度收支方程的关键要素且影响卫星海表盐度反演效果。例如海表风应力影响海面粗糙度进而影响卫星盐度反演。

由于 SMOS 卫星（2010 年至今）比 Aquarius 卫星（2011～2015 年）和 SMAP 卫星（2015 年至今）运行时间更长，提供了更多的历史海表盐度数据来训练正确的模型，所以本节选择两种 SMOS 卫星盐度产品，将校正后的 SMOS 海表盐度资料与现场观测资料与 SMAP 资料进行对比，评价校正模型性能，进一步校正卫星海表盐度误差。此外，本节也将讨论不同海表变量输入对校正模型的影响。

本节选取两种 SMOS 产品，对 SMOS BEC L3 V2.0（简称 BEC）数据和 SMOS CATDS CEC-LOCEAN L3 Debiased V4.0（简称 CATDS）数据进行校正。两款 SMOS 产品的空间分辨率为 0.25°×0.25°，时间范围分别为 2011 年 1 月～2018 年 12 月和 2010 年 1 月～

2018 年 12 月。同时选择 SMAP SSS V4 产品来比较校正后的 SMOS 产品海表盐度数据，因为 SMAP 产品比 SMOS 产品具有更少的近地污染和更好的 RFI 污染校正。SMAP 产品的空间分辨率为 0.25°×0.25°，平均时间分辨率为 8 天。现场海表盐度观测数据来自英国气象局哈德利中心（Met Office Hadley Centre）发布的 EN.4.2.1 数据集。本节选择 2010 年 1 月 1 日～2018 年 12 月 31 日热带印度洋的 162 482 个剖面，其中大部分来自 Argo 浮标（图 4.23）。从海表盐度标准差的空间分布来看，在阿拉伯海东南侧沿岸和孟加拉湾北部海域盐度标准差较大，其余海域海表盐度标准差较小[图 4.23（b）]。EN.4.2.1 数据剖面的最浅层被视为海表盐度数据，约 30.5%的海表盐度测量值在小于 2 m 深度采样，45.8%的海表盐度测量值在 2～5 m 深度采样，23.7%的海表盐度测量值在 5～10 m 深度采样。

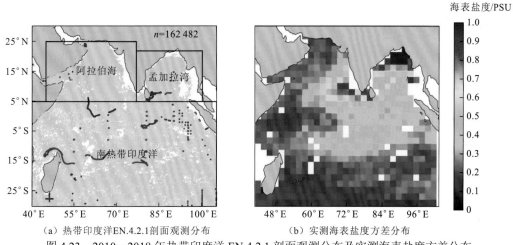

（a）热带印度洋EN.4.2.1剖面观测分布　　　　（b）实测海表盐度方差分布

图 4.23　2010～2018 年热带印度洋 EN.4.2.1 剖面观测分布及实测海表盐度方差分布

黄色：Argo 浮标；蓝色：TESAC（温度、盐度、海流）；红色：潜标

色标表示每个 0.5°网格单元的实地观测数量

4.4.1　误差校正方法

随机森林是以决策树为基础利用 Bagging 的集成学习方法，可以用来进行分类、回归、无监督学习聚类和异常点检测。随机森林的构建过程如下。

（1）从原始训练集中使用 Bootstrap 方法随机有放回采样，选出 m 个样本，共进行 n_tree 次采样，生成 n_tree 个训练集。

（2）对于 n_tree 个训练集，分别训练 n_tree 个决策树模型。

（3）对于单个决策树模型，假设训练样本特征的个数为 n，那么每次分裂时根据信息增益/信息、增益比/基尼指数选择最好的特征进行分裂。

（4）每棵树都分裂下去，直到该节点的所有训练样例都属于同一类。在决策树的分裂过程中不需要剪枝。

（5）将生成的多棵决策树组成随机森林。对于回归问题，由多棵树预测值的均值决定最终预测结果。

随机森林在当前算法中，具有较高的准确性。它能有效地在大数据集上运行，且不需要降维便可处理高维特征数据。随机森林模型中主要需要调节两个重要参数：决策树数量（$n\_estimators$）和每棵树最大特征数（max_features）。

图 4.24 为基于随机森林方法校正卫星海表盐度数据的流程图，具体流程如下。

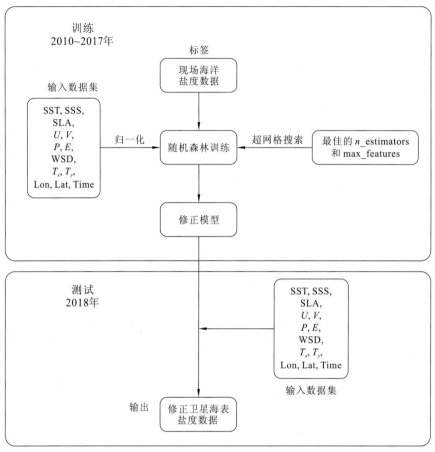

图 4.24 基于随机森林方法校正卫星海表盐度数据流程图

（1）数据预处理。将 2010～2017 年的匹配数据作为训练数据，并使用 2018 年数据进行测试。例如，对于 SMOS BEC 数据，共有 130 352 个训练数据和 13 986 个测试数据。选取 13 个变量（卫星 SSS、SST、SLA、U、V、P、E、WSD、T_x、T_y、Lon、Lat、Time）作为校正模型的输入数据。训练前输入数据在 0～1 归一化。输出的是实测海表盐度数据。

（2）训练校正模型。以确保随机森林回归的最佳效果，需要对模型中决策树数量 $n\_estimators$ 和每棵树最大特征数 max_features 进行调参。采用超网格搜索法（hypergrid search）获得最佳模型超参数。如图 4.25 所示，当 $n\_estimators$＝250 且 max_features＝5 时，测试数据的均方根偏差最小，表明 $n\_estimators$＝250 且 max_features＝5 是该校正模型的最佳超参数。模型以 2010～2017 年的 13 个海面变量为输入，现场海表盐度数据为标签，使用最优参数建立校正模型并进行训练。

（3）用模型校正卫星海表盐度数据。将 2018 年测试数据输入校正模型，根据校正模型可以估计出校正后的卫星海表盐度数据。选取校正后卫星产品和实测数据的均方根偏差（RMSD）和相关系数（Corr）来评价校正后卫星海表盐度数据的精度。

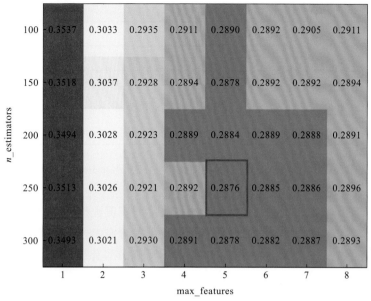

图 4.25 　基于网格搜索法的随机森林模型不同参数下的均方根偏差热图

4.4.2 　原始卫星盐度产品和实测数据对比

本小节比较和分析校正前 2010～2018 年的两种 SMOS 产品与实测数据。表 4.4 总结了两种 SMOS 产品和实测海表盐度数据的比较结果，其中括号里为实测数据统计结果。由表 4.4 可知，BEC 数据在三个区域与实测数据均为负偏差，尤其是在阿拉伯海偏差达 -0.2 PSU，相反 CATDS 数据均为正偏差。两种 SMOS 产品在阿拉伯海和孟加拉湾中表现出相似的均方根偏差。然而，孟加拉湾中较高的盐度变异性和标准差（BEC 数据的 std=1.02）表明孟加拉湾海表盐度有着更高的信噪比。两种 SMOS 产品在孟加拉湾的数据与现场数据的相关性（Corr=0.85/0.85）高于在阿拉伯海的数据（Corr=0.59/0.63），这与 Menezes（2020）研究的结果一致。另外，两种 SMOS 产品在热带印度洋南部海域与实测资料一致，均方根偏差较低（RMSD=0.28/0.27 PSU），相关系数较高（Corr=0.88/0.89）。

表 4.4 　不同海域两种卫星产品与实测数据的对比

项目	BEC 数据				CATDS 数据			
	AS	BOB	STIO	All	AS	BOB	STIO	All
N	31 368	22 436	91 551	145 702	31 690	23 286	101 506	156 815
mean /PSU	36.07 (36.28)	32.77 (32.86)	34.81 (34.82)	34.77 (34.84)	36.33 (36.26)	32.97 (32.87)	34.87 (34.83)	34.88 (34.83)
max /PSU	38.98 (37.81)	35.60 (36.02)	37.50 (36.56)	38.98 (37.81)	39.45 (37.81)	36.28 (36.02)	37.11 (36.56)	39.45 (37.81)
min /PSU	33.31 (32.54)	25.14 (26.69)	31.13 (31.48)	25.14 (26.69)	32.92 (32.87)	25.42 (27.23)	32.04 (31.48)	25.42 (27.23)
std /PSU	0.61 (0.55)	1.02 (1.05)	0.54 (0.58)	1.19 (1.23)	0.69 (0.55)	0.98 (1.02)	0.59 (0.58)	1.21 (1.20)

项目	BEC 数据				CATDS 数据			
	AS	BOB	STIO	All	AS	BOB	STIO	All
RMSD	0.57	0.58	0.28	0.41	0.55	0.55	0.27	0.40
Bias	−0.20	−0.10	−0.01	−0.07	0.06	0.10	0.04	0.05
Corr	0.59	0.85	0.88	0.94	0.63	0.85	0.89	0.95

注：AS 为阿拉伯海，BOB 为孟加拉湾，STIO 为南热带印度洋，All 为热带印度洋；匹配点数量（N），盐度平均值（mean），最大值（maximum，max），最小值（minimum，min），方差（standard deviation，std），均方根偏差（RMSD），平均偏差（Bias）和相关系数（Corr）

图 4.26 显示了热带印度洋中的两种 SMOS 产品与实测数据的偏差和均方根偏差的空间分布。两种 SMOS 产品在阿拉伯海有着不同的偏差分布，SMOS BEC 数据在阿拉伯海西北部有较大的负偏差，而 SMOS CATDS 数据在东南部有较大的正偏差。这两种产品

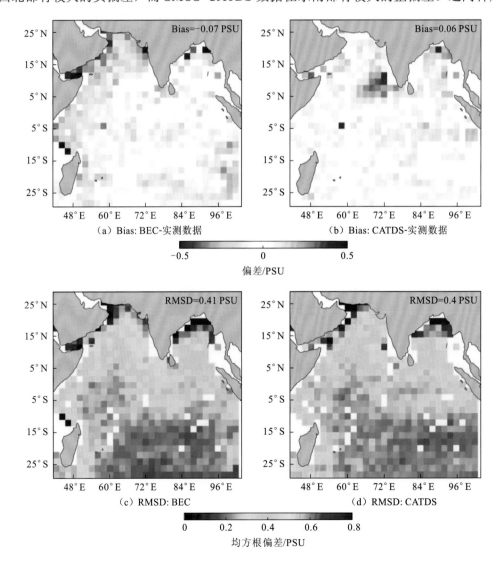

（a）Bias：BEC-实测数据　　　　　　　　　　（b）Bias：CATDS-实测数据

偏差/PSU

（c）RMSD：BEC　　　　　　　　　　（d）RMSD：CATDS

均方根偏差/PSU

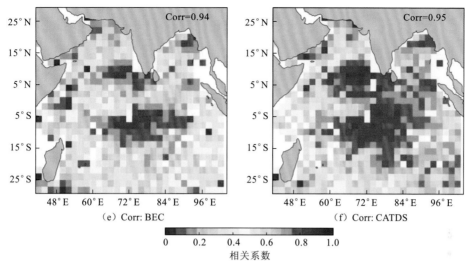

图 4.26　热带印度洋中的两种 SMOS 产品与实测数据的偏差、均方根偏差和相关系数空间分布

在阿拉伯海的沿海地区，如亚丁湾、阿曼湾和阿拉伯海北部都有较大的偏差和均方根偏差，且相关系数较低。在阿拉伯海海岸，BEC 数据的均方根偏差约为 0.8 PSU。在孟加拉湾，两种 SMOS 产品与实测数据相比也存在较大的偏差和均方根偏差，但相关系数较大（约为 0.8），这说明两种产品与实测数据的变化趋势吻合。

卫星数据与实测数据的月平均相关系数和均方根偏差如图 4.27 所示。在整个区域，两种产品与实测数据均方根偏差和相关系数都较为相似，CATDS 数据略优于 BEC 数据［图 4.27（d）］。另外，两种产品的均方根偏差在夏季达到最小值，在孟加拉湾也发现了同样的现象，说明存在季节性的过程影响了卫星反演。在阿拉伯海中，这两种 SMOS 产品在秋季与实测数据的相关系数低（Corr≤0.5），均方根偏差较大（0.5～0.7 PSU）。在南热带印度洋两种 SMOS 产品相关系数均较高，且季节变化不明显，这可能是因为在南热带印度洋海表盐度标准差较小，卫星盐度和实测盐度相关系数较高。但是两种产品在该区域的均方根偏差季节性变化与孟加拉湾相同，均在夏季达到最小值。总体来说，两种 SMOS 产品在南热带印度洋的数据均方根偏差低、相关系数高、精度较高，而在阿拉伯海和孟加拉湾的数据均表现出较大的均方根偏差，特别是在秋季。

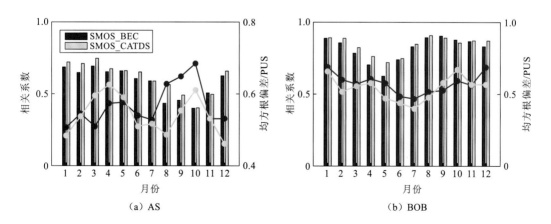

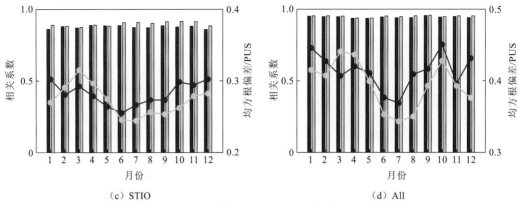

（c）STIO　　　　　　　　　　　（d）All

图 4.27　不同海域两种产品与实测数据的月平均相关系数（柱状图，左侧坐标轴）
和均方根偏差（曲线，右侧坐标轴）

4.4.3　校正后卫星盐度产品评估

图 4.28 为原始卫星数据和校正后卫星数据与实测数据的散点图。卫星数据在 36～
37 PSU 与实测数据更为吻合，均匀分布在 1∶1 线周围。另外，对于两个卫星在 33～
36 PSU 的正偏差，校正模型没起到校正效果。在南热带印度洋，校正后的卫星数据较原
先相比均方根偏差下降了，相关系数提升了约 0.04。校正模型在南热带印度洋效果差于
在阿拉伯海，这可能是与在南热带印度洋卫星盐度数据本来就与实测数据较为吻合有关。
校正模型在孟加拉湾校正效果并不明显，校正后的卫星盐度均方根偏差仍有 0.5 PSU 左
右，相关系数提高不到 0.02。

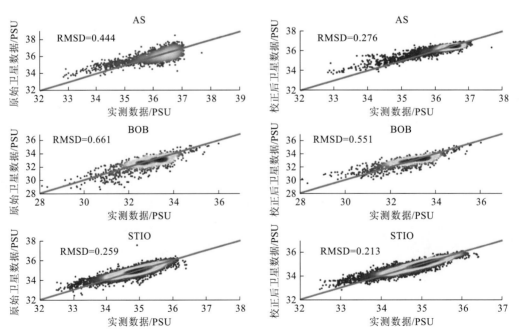

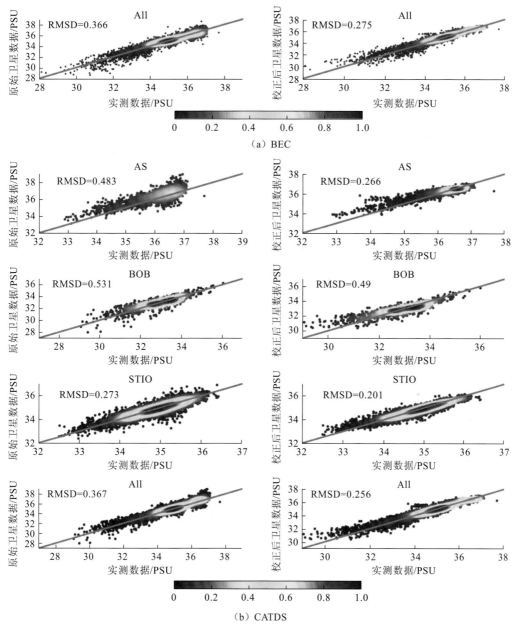

图 4.28　阿拉伯海、孟加拉湾、南热带印度洋和热带印度洋内两种 SMOS 产品
海表盐度数据与实测数据观测的散点图

蓝线表示 $Y=X$，颜色代表散点的数据密度

　　从表 4.5 可看出,在阿拉伯海校正后的两个 SMOS 产品与实测数据的均方根偏差(约 0.27 PSU)小于 SMAP 产品(0.323 PSU)。在其他地区,校正后的 SMOS 数据在均方根偏差和相关系数方面的表现与 SMAP 数据相似。在各个区域校正后的 CATDS 数据比校正后的 BEC 数据与实测数据更为吻合。

表 4.5　不同海域两种 SMOS 卫星盐度产品与实测数据统计结果

项目	BEC			
	AS	BOB	STIO	All
RMSD/PSU	0.276（0.444）[0.323]	0.551（0.661）[0.438]	0.213（0.259）[0.176]	0.275（0.366）[0.254]
Bias/PSU	0.022（−0.04）[−0.228]	−0.02（−0.211）[−0.110]	−0.001（0.015）[−0.033]	0.004（−0.019）[−0.092]
Corr	0.915（0.742）[0.932]	0.84（0.823）[0.917]	0.932（0.897）[0.956]	0.968（0.946）[0.977]

项目	CATDS			
	AS	BOB	STIO	All
RMSD/PSU	0.269（0.483）[0.323]	0.488（0.531）[0.438]	0.198（0.273）[0.176]	0.255（0.367）[0.254]
Bias/PSU	0.029（0.253）[−0.228]	0.014（−0.013）[−0.110]	−0.040（−0.029）[−0.033]	−0.020（0.049）[−0.092]
Corr	0.916（0.801）[0.932]	0.876（0.86）[0.917]	0.943（0.897）[0.956]	0.973（0.953）[0.977]

注：圆括号里的值为原始 SMOS 卫星数据统计值，方括号里的值为 SMAP 卫星数据统计值，括号外为校正后 SMOS 卫星数据统计值

　　图 4.29 为两种 SMOS 卫星产品校正前和校正后与实测数据的盐度偏差空间分布图。对比可知，两种产品在阿拉伯海东侧和北侧、马达加斯加沿岸和南热带印度洋（15°S

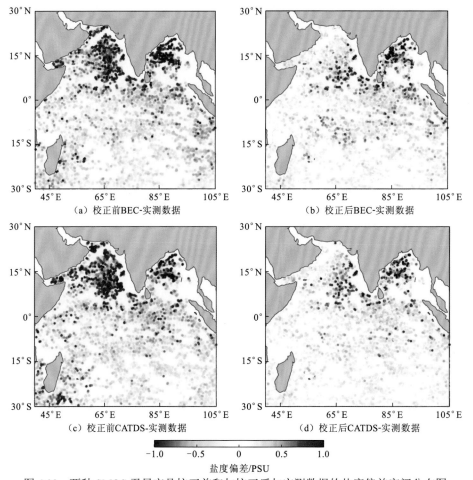

（a）校正前BEC-实测数据　　　　　　　　　（b）校正后BEC-实测数据

（c）校正前CATDS-实测数据　　　　　　　　（d）校正后CATDS-实测数据

−1.0　　−0.5　　0　　0.5　　1.0

盐度偏差/PSU

图 4.29　两种 SMOS 卫星产品校正前和与校正后与实测数据的盐度偏差空间分布图

以南）校正的效果较好，校正后的卫星数据与实测数据偏差大大减小，偏差为-0.5～0.5 PSU。由图4.26（e）和（f）可知，在这些海域原始卫星海表盐度数据与实测数据的相关系数较小。而在原始卫星海表盐度数据与实测数据的相关系数大的海域，如阿拉伯海东南侧、孟加拉湾和南热带印度洋中央（5°S～15°S），校正的效果不明显。

由图4.30可知，除在孟加拉湾外，与原始SMOS卫星数据相比，校正后的两种SMOS产品在各个月都与实测数据更为吻合。且在热带印度洋校正后卫星数据的均方根偏差在夏季达到最小值，与之前统计的规律一致[图4.27（d）]。夏季校正后的两种SMOS卫星产品在阿拉伯海和整个热带印度洋比SMAP实测数据有着更低的均方根偏差。在其他

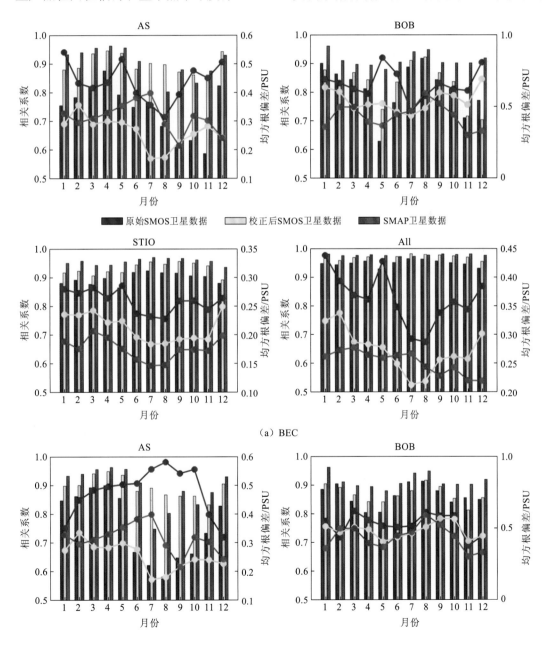

（a）BEC

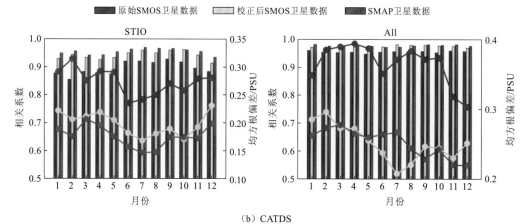

（b）CATDS

图 4.30　不同海域校正前和校正后卫星盐度数据与实测数据的月平均相关系数（柱状图，左侧坐标轴）
和均方根偏差（曲线，右侧坐标轴）

区域两者表现相似。总体来说，相关系数小的月份校正效果好，例如 BEC 产品在阿拉伯海的 9～11 月盐度数据、在孟加拉湾的 5 月盐度数据，CATDS 在阿拉伯海的 6～10 月盐度数据。但在孟加拉湾，两种 SMOS 产品在个别月份校正后的相关系数反而降低，例如 BEC 产品的 1 月、2 月、12 月盐度数据，CATDS 产品的 2 月、7 月、11 月盐度数据。这可能与原先卫星数据在这些月份的相关系数较大有关。

通过交叉验证（cross validation，CV）进一步评估校正模型的性能。对于 BEC 产品，将 2011～2018 年所有匹配数据按年分为 8 份，每次抽取一年数据作为测试数据，其余年份数据为训练数据。图 4.31 显示了交叉验证中校正后 SMOS 产品的年平均均方根偏差和相关系数。校正后的 SMOS 海表盐度数据精度相对一致，波动较小，平均均方根偏差和相关系数分别约为 0.27 PSU 和 0.97。校正后的 SMOS 海表盐度数据精度与 SMAP 数据相似，并在 2015 年优于 SMAP 数据。上述结果证明了提出的校正算法的鲁棒性和有效性。

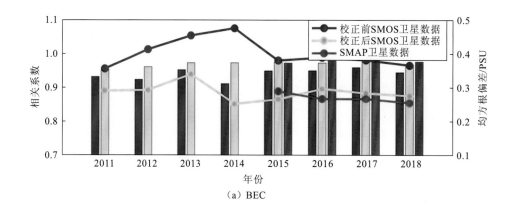

（a）BEC

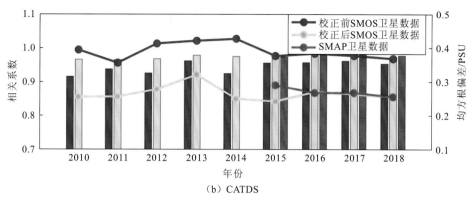

（b）CATDS

图 4.31 交叉验证中校正后 SMOS 产品的年平均均方根偏差和相关系数

图 4.32 显示了 2018 年 1 月 1 日～12 月 31 日 RAMA 阵列中两个选定浮标的不同产品的海表盐度时间序列。BEC 和 CATDS 产品经过校正后与浮标数据都更为吻合。例如在 RMMA 阵列 0°N，67°E，原始 BEC 和 CATDS 数据在 2018 年 2 月至 4 月中旬明显高于浮标数据，经过校正后盐度降低，与浮标盐度相似。同样的情况也发生在该浮标的 6 月。在 RAMA 阵列 12°N，90°E，2018 年 1 月，BEC 和 CATDS 两个产品的海表盐度值明显低于热带大气海洋（TAO）数据。通过校正算法使两种 SMOS 产品的海表盐度升高，与实测 TAO 数据更为吻合。

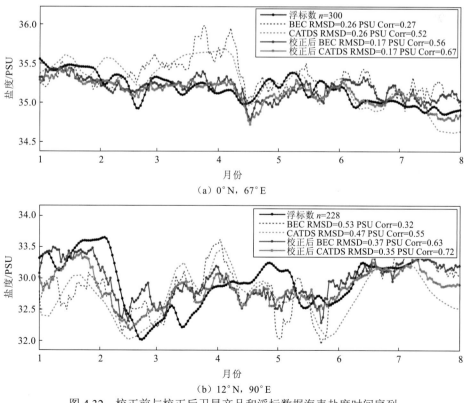

（a）0°N，67°E

（b）12°N，90°E

图 4.32 校正前与校正后卫星产品和浮标数据海表盐度时间序列

图 4.33 和图 4.34 分别显示了 BEC 和 CATDS 产品校正前和校正后与浮标数据的均方根偏差和相关系数分布。除 67°E 上面的两个点外，其余位置校正后的卫星产品与浮标数据的均方根偏差更小、相关系数变大，同浮标数据更为吻合。此外，对原先偏差较大的浮标位置（65°E 12°N，90°E 8°N）盐度数据的校正效果优于偏差小的浮标位置，如位于南热带印度洋的浮标。

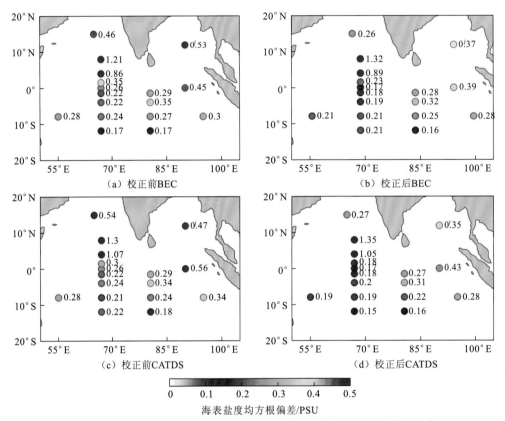

图 4.33　校正前和校正后卫星产品与浮标数据海表盐度均方根偏差分布

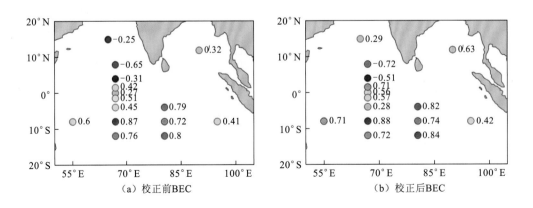

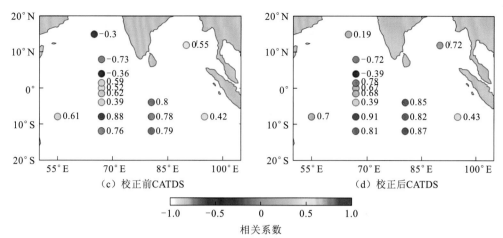

图 4.34　校正前和校正后卫星产品与浮标数据海表盐度相关系数分布

4.4.4　海表参数对校正模型的影响

随机森林模型可以输出不同特征重要性，有助于筛选特征，从而使模型的鲁棒性更好。随机森林中进行特征重要性的评估思想为：首先计算每个特征在随机森林中的每棵树上的重要性大小；然后取平均值；最后比较特征之间的贡献大小。其中可通过计算每个特征平均减少的不纯度得到特征重要性。不纯度对回归问题表现为均方根偏差，在热带印度洋，卫星海表盐度在校正模型中发挥最重要的作用（重要性约为 0.45）（图 4.35）。位置信息（经纬度）起次要作用（重要性约为 0.4），再次是海温（重要性约为 0.05），

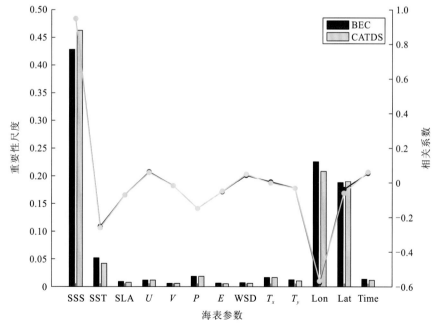

图 4.35　海表参数的重要性（柱状图，左侧坐标轴）和各海表参数
与实测海表盐度的相关系数（曲线，右侧坐标轴）

其他特征的重要性之和小于 0.1。从各特征与实测海表盐度数据的相关系数来看，SMOS 海表盐度与实测海表盐度的相关性最高，这与特征重要性的结果一致。而经度的相关系数低，这可能是因为盐度主要呈纬向分布，同一条经线上南北盐度差异较大，使经度与实测海表盐度的相关性较低。但经度在校正卫星盐度数据中是起到重要作用的，这表明仅用相关系数无法准确判断海表参数对校正模型的影响。

为说明不同海表参数对校正卫星盐度数据的作用，按照图 4.36 得到的特征参数重要性由大到小排序为 SSS、Lon、Lat、SST、P、T_x、Time、T_y、U、SLA、WSD、V、E，逐个添加，形成不同的海面参数组合并输入校正模型。以 BEC 数据为例，当加入 Lon 特征参数时，除孟加拉湾外，均方根偏差和相关系数明显提高。在热带印度洋，当输入特征参数为（SSS、Lon、Lat、SST、P、T_x、Time）时，均方根偏差降低为 0.278 PSU，相关系数提高至 0.968，而当继续输入其他特征参数（T_y、U、SLA、WSD、V、E）时，校正效果几乎没有变化，均方根偏差为 0.274 PSU，相关系数为 0.969。

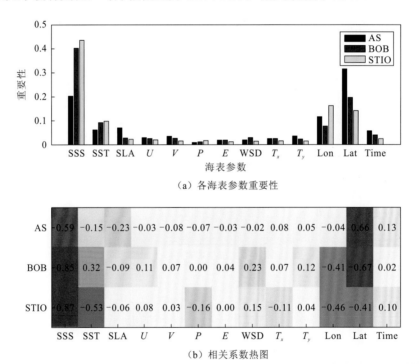

（a）各海表参数重要性

（b）相关系数热图

图 4.36　分区域训练校正模型时各海表参数重要性大小与实测盐度数据的相关系数

为分析位置信息对校正算法的影响，设计三种方案与原先校正模型进行对比。第一种方案，输入海表数据中不包含位置信息（Lon，Lat），称这种方案为 Corrected without position。第二种方案将热带印度洋分为阿拉伯海、孟加拉湾和南热带印度洋三个部分，每个区域分别使用 2010～2017 年数据进行训练，用 2018 年数据进行测试，且输入海表数据中不包含位置信息（Lon，Lat），称这种方案为 Subdomain without position。第三种方案与第二种方案类似，但输入海表数据中包含位置信息，称这种方案为 Subdomain with position。表 4.6 为不同实验方案下校正后卫星盐度数据与实测盐度数据的均方根偏差和相关系数。当海表参数不包含位置信息时，校正效果降低，热带印度洋均方根偏差由 0.275 PSU 增加到 0.312 PSU。通过对比可知，不包含位置信息时，分区域训练并没有改善校正效果，而加入位置信息后的 Subdomain with position 方案效果改善，与原先校正模型（Corrected）相似。这说明一方面卫星盐度数据和实测盐度数据的偏差与位置信息相关，另一方面加入经纬度信息实际已经起到按区域分类的效果，体现了位置信息对校正模型的重要性。

表 4.6 不同实验方案下校正后卫星盐度数据与实测盐度数据的均方根偏差和相关系数

实验方案	均方根偏差				相关系数			
	AS	BOB	STIO	All	AS	BOB	STIO	All
BEC	0.444	0.661	0.259	0.366	0.742	0.823	0.897	0.946
Corrected	0.276	0.551	0.213	0.275	0.915	0.840	0.932	0.968
Corrected without position	0.323	0.573	0.254	0.312	0.868	0.827	0.905	0.960
Subdomain without position	0.334	0.560	0.246	0.310	0.871	0.834	0.910	0.960
Subdomain with position	0.278	0.550	0.212	0.275	0.915	0.841	0.933	0.968
CATDS	0.483	0.531	0.273	0.367	0.801	0.860	0.897	0.953
Corrected	0.269	0.488	0.198	0.255	0.916	0.876	0.943	0.973
Corrected without position	0.310	0.523	0.246	0.297	0.871	0.858	0.911	0.963
Subdomain without position	0.327	0.495	0.239	0.294	0.873	0.873	0.917	0.964
Subdomain with position	0.271	0.485	0.197	0.255	0.916	0.878	0.944	0.973

图 4.36 显示了分区域分别训练校正模型时各海表参数重要性大小与实测盐度数据的相关系数。在每个区域中起重要作用的参数是 SSS、Lon、Lat 和 SST，除在阿拉伯海的经度外，Lat 和 Lon 与不同区域的实测盐度数据有关，进一步反映了位置信息在校正模型中的重要性。通过对比可知，海面参数对卫星盐度数据的校正效果随区域不同而变化。在阿拉伯海和孟加拉湾中 Lat 的重要性大于 Lon，而 Lon 在南热带印度洋和整个热带印度洋中的重要性大于 Lat。在阿拉伯海，Lat 是最重要的校正模型参数，而 SSS 在其他地区是最重要的校正模型参数。此外，SLA 参数在阿拉伯海中的重要性大于 SST 参数。

SMOS 海表盐度数据受若干非地球物理污染的影响，如近地污染（land-sea contamination，LSC）、季节性偏差和由仪器漂移造成的纬度偏差等。这些误差在卫星扫描轨道上随区域变化，难以找到其中规律。Kolodziejczyk 等（2016）利用贝叶斯方法对近地污染误差进行了校正，但在盐度变异性较强的地区效果较差。Olmedo 等（2017）提出了一种非贝叶斯方法来校正近地污染和 RFI 污染。Boutin 等（2018）考虑了靠近河口区域海表盐度变化，改进了 Kolodziejczyk 等（2016）的方法，并进一步校正了随季节变化的纬度偏差。然后，通过对比卫星盐度数据与实测 EN.4.2.1 数据可知，SMOS 卫星数据在阿拉伯海和孟加拉湾仍有着较大偏差，尤其在近岸地区。本小节提出基于随机森林的校正模型，可进一步降低 SMOS 卫星的系统偏差，校正后的卫星数据较原始数据与实测数据更加吻合。表 4.7 总结了随机森林方法与其他常用回归方法对卫星盐度数据校正模型的影响，包括多元线性回归（multivariable linear regression，MLR）、FFANN、GRNN、SVM、梯度提升（gradient boosting，GB）和极端树（extra tree，ET）。对每种回归方法采用交叉验证或网格搜索进行调参，以最优回归效果。结果表明，无论是均方根偏差还是相关系数，随机森林方法都比其他机器学习方法具有更好的校正效果，说明随机森林比其他回归方法更适用于卫星海表盐度数据的系统偏差校正。

表 4.7　不同回归方法对卫星盐度数据校正模型的效果对比

均方根偏差/PSU							
BEC	MLR	FFANN	GRNN	SVM	GB	ET	RF
AS	0.414	0.305	0.294	0.379	0.285	0.277	**0.276**
BOB	0.588	0.583	0.597	0.676	0.564	0.558	**0.551**
STIO	0.254	0.276	0.258	0.234	0.219	0.215	**0.213**
All	0.343	0.321	0.311	0.336	0.283	0.276	**0.275**
CATDS	MLR	FFANN	GRNN	SVM	GB	ET	RF
AS	0.391	0.345	0.291	0.368	0.271	0.270	**0.269**
BOB	0.502	0.498	0.564	0.624	0.485	0.493	**0.488**
STIO	0.268	0.249	0.247	0.215	0.205	0.204	**0.198**
All	0.330	0.305	0.298	0.315	0.259	0.259	**0.255**
相关系数							
BEC	MLR	FFANN	GRNN	SVM	GB	ET	RF
AS	0.779	0.896	0.907	0.807	0.902	0.908	**0.915**
BOB	0.829	0.830	0.811	0.778	0.835	0.834	**0.840**
STIO	0.902	0.900	0.898	0.916	0.927	0.930	**0.932**
All	0.952	0.961	0.960	0.954	0.967	**0.968**	**0.968**
CATDS	MLR	FFANN	GRNN	SVM	GB	ET	RF
AS	0.817	0.893	0.908	0.814	0.910	0.910	**0.916**
BOB	0.868	0.872	0.830	0.814	0.875	0.870	**0.876**
STIO	0.908	0.931	0.909	0.932	0.939	0.940	**0.944**
All	0.957	0.969	0.963	0.959	0.972	0.972	**0.973**

注：下划线加粗为最优校正效果数值

　　然而，由于卫星观测和实测数据的采样差异，用最上层的现场观测数据作为海表盐度真实值来评估卫星海表盐度数据存在一定的误差。首先，卫星测量的是海洋表层盐度，而大多数现场盐度测量的是水下 2～5 m 深度的盐度。其次，卫星海表盐度数据是数天内卫星采样足迹上取平均值（SMOS 和 SMAP 卫星的分辨率约为 40 km），而现场观测是在单个点瞬时测量盐度。卫星观测盐度和实测盐度之间的固有差异可能会导致卫星海表盐度的验证出现误差，尤其是在具有强烈海表分层和中小尺度变化强的地区。例如，孟加拉湾北部有着大量河流入海口，存在较强的近海表盐度分层和中小尺度盐度变化。同时，该地区实测数据也较少。这些因素会在卫星和现场盐度测量结果的比较中引入额外的误差。此外，卫星观测盐度和现场盐度之间存在固有差异，如 SMOS 产品的误差变化在较强海表分层和中小尺度丰富地区表现出更强的随机性，因此，孟加拉湾的盐度数据误差校正模型的效果较差。

参 考 文 献

殷晓斌, 刘玉光, 张汉德, 等, 2005. 海表面盐度的微波遥感: 平静海面的微波辐射机理研究. 高技术通讯, 15: 86-90

BOUTIN J, VERGELY J L, MARCHAND S, et al., 2018. New SMOS sea surface salinity with reduced systematic errors and improved variability. Remote Sensing of Environment, 214: 115-134.

CHAKRABORTY A, SHARMA R, KUMAR R, et al., 2015. A SEEK filter assimilation of sea surface salinity from Aquarius in an OGCM: Implication for surface dynamics and thermohaline structure. Journal of Geophysical Research Oceans, 119: 4777-4796.

GOOD S A, MARTIN M J, RAYNER N, 2013. EN4: Quality controlled ocean temperature and salinity profiles and monthly objective analyses with uncertainty estimates. Journal of Geophysical Research Oceans, 118: 6704-6716.

HACKERT E, BALLABRERA-POY J, BUSALACCHI A J, et al., 2011. Impact of sea surface salinity assimilation on coupled forecasts in the tropical Pacific. Journal of Geophysical Research: Oceans, 116(C5): 1-18.

HACKERT E, BUSALACCHI A J, BALLABRERA-POY J, 2014. Impact of Aquarius sea surface salinity observations on coupled forecasts for the tropical Indo-Pacific Ocean. Journal of Geophysical Research Oceans, 119(7): 4045-4067.

HUANG B, AND Y X, BEHRINGER D W, 2008. Impacts of Argo salinity in NCEP global ocean data assimilation system: The tropical Indian Ocean. Journal of Geophysical Research: Oceans, 113(C8): 1-20.

KOHL A, SENA M M, STAMMER D, 2015. Impact of assimilating surface salinity from SMOS on ocean circulation estimates. Journal of Geophysical Research Oceans, 119: 5449-5464.

KOLODZIEJCZYK N, BOUTIN J, VERGELY J L, et al., 2016. Mitigation of systematic errors in SMOS sea surface salinity. Remote Sensing of Environment, 180: 164-177.

LAGERLOEF, GARY, COLOMB, et al., 2008. The Aquarius/SAC-D mission: Designed to meet the salinity remote-sensing challenge. Oceanog, 21: 68-81.

LU Z, CHENG L, ZHU J, et al., 2016. The complementary role of SMOS sea surface salinity observations for estimating global ocean salinity state. Journal of Geophysical Research: Oceans, 121: 3672-3691.

MARTIN-NEIRA, CORBELLA, TORRES, 2011. Overview: MIRAS instrument performance and status of RFI// 1st SMOS Science Workshop, Arles, France.

MEISSNER T, WENTZ F J, LE VINE D M, 2018. The salinity retrieval algorithms for the NASA Aquarius version 5 and SMAP version 3 releases. Remote Sensing, 10: 1121.

MENEZES V V, 2020. Statistical assessment of sea-surface salinity from SMAP: Arabian Sea, Bay of Bengal and a promising Red Sea application. Remote Sensing, 12(3): 447.

MU Z, ZHANG W, WANG P, et al., 2019. Assimilation of SMOS sea surface salinity in the regional ocean model for South China Sea. Remote Sensing, 11(8): 919.

OLMEDO E, MARTíNEZ J, UMBERT M, et al., 2016. Improving time and space resolution of SMOS salinity maps using multifractal fusion. Remote Sensing of Environment, 180: 246-263.

OLMEDO E, MARTíNEZ J, TURIEL A, et al., 2017. Debiased non-Bayesian retrieval: A novel approach to SMOS sea surface salinity. Remote Sensing of Environment, 193: 103-126.

QU T, YU J Y, 2014. ENSO indices from sea surface salinity observed by Aquarius and Argo. Journal of Oceanography, 70: 367-375.

QU T, SONG Y T, MAES C, 2014. Sea surface salinity and barrier layer variability in the equatorial Pacific as seen from Aquarius and Argo. Journal of Geophysical Research: Oceans, 119: 15-29.

REAGAN J, BOYER T, ANTONOV J, et al., 2014. Comparison analysis between Aquarius sea surface salinity and World Ocean Database in situ analyzed sea surface salinity. Journal of Geophysical Research: Oceans, 119: 8122-8140.

TANG W, FORE A, YUEH S, et al., 2017. Validating SMAP SSS with in situ measurements. Remote Sensing of Environment, 200: 326-340.

TANG W, YUEH S H, FORE A G, et al., 2014. Validation of Aquarius sea surface salinity with in situ measurements from Argo floats and moored buoys. Journal of Geophysical Research: Oceans, 119: 6171-6189.

TENERELLI J E, REUL N, 2010. Analysis of SMOS brightness temperatures obtained from March through May 2010//ESA Living Planet Symposium, Bergen, Norway.

TURIEL A, NIEVES V, GARCIA-LADONA E, et al., 2009. The multifractal structure of satellite sea surface temperature maps can be used to obtain global maps of streamlines. Ocean Science, 5: 447-460.

VERIKAS A, GELZINIS A, BACAUSKIENE M, 2011. Mining data with random forests: A survey and results of new tests. Pattern Recognition, 44: 330-349.

VERNIERES G, KOVACH R, KEPPENNE C, et al., 2014. The impact of the assimilation of Aquarius sea surface salinity data in the GEOS ocean data assimilation system. Journal of Geophysical Research: Oceans, 119: 6974-6987.

YAN H, ZHANG R, WANG G, et al., 2019. Improved multifractal fusion method to blend SMOS sea surface salinity based on semiparametric weight function. Journal of Atmospheric and Oceanic Technology, 36:

1501-1520.

YANG S C, RIENECKER M, KEPPENNE C, 2010. The impact of ocean data assimilation on seasonal-to-interannual forecasts: A case study of the 2006 El Nino event. Journal of Climate, 23: 4080-4095.

YIN X B, BOUTN J, MARTIN N, et al., 2011. Sea surface roughness and foam signature onto SMOS brightness temperature and salinity // 1st SMOS Science Workshop, Arles, France.

YU X, HYYPPÄ J, VASTARANTA M, et al., 2011. Predicting individual tree attributes from airborne laser point clouds based on the random forests technique. Journal of Photogrammetry & Remote Sensing, 66: 28-37.

第5章 ▶▶▶ 海洋盐度卫星产品应用

随着海洋盐度卫星产品数量和质量的提升，盐度卫星产品已能支撑基本的统计诊断工作，并在多个领域方向表现出良好的应用前景。海表盐度数据既可以用于与实测盐度的相互对比验证，也可以作为三维要素场重构的海表输入，或通过数据同化提升海洋环境模拟效果。本章将对海洋盐度卫星产品的几个典型应用进行阐述和展示。

5.1 遥感盐度与实测海表盐度的对比验证

与用电导率测量的现场观测盐度不同，遥感盐度测量表现出更多的不确定性。例如，由于亮温对海表盐度的敏感性较低及射频干扰的污染，通常认为卫星盐度不确定性较大，而将现场观测的近表层盐度（near surface salinity，NSS）视为海表盐度反演、校正和产品评估的参考。然而，遥感海表盐度数据和实测近表层盐度数据之间可能存在很大差异，这些数据在评估中大部分被作为异常值删除，但事实上，这些差异不一定是由卫星观测误差引起的。毕竟，微波辐射计只能穿透数厘米，且卫星盐度实质上是整个卫星足迹内观测的平均值；而现场观测的近表层盐度为几十厘米到几米的实地测量值，且现场观测值是单点的、瞬时的。Boutin 等（2016）将这些因素总结为亚足迹变化（sub-footprint variation）和近海表层结（near-surface stratification）。然而，这两个因素在现场观测时间序列中的特征并没有得到系统的研究。

此外，研究者较少考虑上述差异可能是由现场近表层盐度观测存在问题造成的。事实上，赤道锚系浮标阵列（global tropical moored buoy array，GTMBA）和 SMAP 海表盐度时间序列之间的比较已经证明了几个 TAO 浮标观测值存在明显偏移（Bao et al.，2019a；Tang et al.，2017）。这些偏移的现场观测不可避免地被融入一些格点数据产品（如 EN4 产品），并可能对科学研究产生不良影响。因此，Tang 等（2017）提出，卫星海表盐度可用于对实测盐度数据进行实时质量控制。

本节通过三种卫星资料与实测海表盐度的综合对比，对遥感盐度数据与锚系浮标数据的不一致性进行诊断，并结合海洋知识和其他资料，对造成两者不一致的原因进行分析，筛选出可疑的现场盐度观测值，以及现场观测盐度与卫星观测盐度具有固有不一致性的观测数据对。

5.1.1 研究数据

本小节研究数据主要包括遥感海表盐度数据、现场观测盐度数据、遥感海表温度数据、遥感海面高度数据及再分析资料数据。

1）遥感海表盐度数据

本节使用了三种遥感海表盐度产品：①SMAP V3.0 L3 的 0.25°×0.25°、8 天滑动平均数据集（70 km 版本）（Meissner et al.，2018）；②SMOS BEC V2.0 L3 的 9 天滑动平均数据集，空间分辨率为 0.25°×0.25°（Olmedo et al.，2017）；③SMOS CEC Locean debiased L3 V4 的 0.25°×0.25°、9 天滑动平均数据集。选取的上述三种海表盐度产品的时间范围为 2015 年 4 月~2018 年 12 月，详细数据产品介绍可参见 2.3 节"卫星盐度业务分析产品"。

虽然选定的三个数据集拥有近乎相同的网格分辨率，但事实上 SMOS（平均约 43 km）的足迹（即卫星天线确定的理想分辨率）与 SMAP（约 40 km）的足迹不同。此外，尽管在三个数据集的制作过程中采用了不同的反演和校正算法，但在反演过程中共同使用的某些数据（如风速、盐度气候态等）可能会导致几种产品存在同样的问题。由于 Aquarius 卫星无法提供 2015 年 5 月以后的数据，本小节未采用 Aquarius 卫星数据。

2）GTMBA 和 Argo 浮标数据

GTMBA 数据包括 TAO、PIRATA 和 RAMA 阵列数据，该锚定浮标可在最浅深度为 1 m 处提供固定位置的盐度观测。在选定的时间范围内，有 110 个浮标可用。GTMBA 的盐度观测受到严格的质量控制，以确保其准确性（详细信息参见 https://www.pmel. noaa.gov/gtmba/data-quality-control）。本小节仅采用质量标志符为 1 的"最高质量"的数据。

Argo 数据由国际 Argo 计划和参与该计划的国家收集整理并免费提供，多家数据中心致力于 Argo 数据的质量控制，将其汇总并移交给官方的全球数据收集中心（Global Data Assembly Center，GDAC）。然而，从不同中心收集的数据质量参差不齐（Argo，2000）。本小节采用来自中国 Argo 实时数据中心（China Argo Real-time Data Center，CARDC）的全球观测 Argo 数据集（V3.0）。该数据集针对从 GDAC 检索到的所有实时和延时质控数据再次进行质量控制，以提高质量的一致性（Li et al.，2019a，2019b）。质量再控制包括 15 个质量控制过程，除 13 个标准自动质量控制过程外（Wong et al.，2018），还进行自动 Racape 峰值测试和延时手动检查，以确保 Argo 数据集质量。由于浮标无法严格测量海表盐度，将 Argo 最浅测量值（<10 m）视为近表层盐度（NSS）。6 812 个浮标（包括所有在选取时间段内工作过的浮标）可以提供近表层盐度数据，其中仅质量再控制后标记为"良好"的盐度观测值（即变量"psal_adj"和质控标志符"psal_QC"=1）被采用。为了进行比较，将海表盐度卫星产品双线性插值到现场观测位置，并形成 GTMBA（欧拉式）、Argo（拉格朗日式）与相应遥感海表盐度的同位置时间序列。需要注意的是，每一个时间序列对应一个给定的浮标，这样可以消除不同浮标平台之间的系统偏差，从

而突出该浮标观测序列内的不一致观测值（Kennedy et al.，2011）。

3）其他格点数据

本小节还采用另外两种卫星数据集：①DUACS L4 再处理网格化全球海平面异常（SLA）数据（Taburet et al.，2021）。该数据集由哥白尼海洋与环境监测系统（Copernicus Marine and Environment Monitoring System，CMEMS）网站发布（ID：SEALEVEL_GLO_PHY_L4_REP_OBSERVATIONS_008_047），融合了大量高度计观测数据，以确保其质量，其分辨率为 0.25°/天。②多尺度超高分辨率海表温度数据（Chin et al.，2017）。该数据集通过多分辨率变分方法融合来自多个平台的海表温度观测数据（特别是 1 km 分辨率的红外数据），时间分辨率可达 0.01°/天。

此外，采用两个涡分辨率（1/12°）再分析数据集：①混合坐标海洋模式/美国海军耦合海洋数据同化（HYbrid coordinate ocean model/navy coupled ocean data assimilation，HYCOM/NCODA）数据集（Chassignet et al.，2009），模式可直接输出 0 m 的温盐数据产品。②GLORYS12V1 再分析数据集（ID：GLOBAL_REANALYSIS_PHY_001_030）（Fernandez et al.，2022），取最浅层 0.51 m 数据作为近似的海表数据进行后续比较。

采用 WOA13 月气候态数据集（Locarnini et al.，2012）。该数据集由多种历史现场观测数据经客观分析获得，空间分辨率为 0.25°，可提供 0~1500 m 的三维温盐要素场。

5.1.2　实时质量控制

在传统质量控制工作中，三倍标准差方案是检测数据离群值的经典方法（Wang et al.，2012）。然而，这种方法通常不适用于大范围偏移值的情况。图 5.1 显示了 Tang 等（2017）揭示的大范围偏移值现象，这可能是锚系浮标传感器故障所致。原始统计数据存在严重偏差（CEC 数据为 0.26 PSU）和较大的标准差（STD）（SMAP 和 CEC 数据为 0.81 PSU）。如果将时间序列分为三段，可发现 GTMBA 系列产品的离群值集中在第一段，并导致整个序列的极大偏差和标准差。在此情况下，传统的三倍标准差方案（填充的浅蓝色点）只能检测到小部分可疑观测数据。本小节不直接使用整个序列的统计数据，而是将序列平均分为三个分段，并计算每段的统计数据。对于每个卫星产品，将三个分段的最小标准差和对应的平均值定义为调整后的标准差/平均值。因此，SMAP、BEC、CEC 数据调整后的标准差为 0.12 PSU、0.16 PSU、0.23 PSU。利用这些调整后的统计数据，可以诊断出 2016 年 3~8 月与连续现场观测明显不一致的卫星盐度产品，并据此对现场盐度观测进行质量控制。

从图 5.1 可以看出，去除可疑的现场观测后，GTMBA 系列产品的偏差和标准差有明显的降低，与三种产品相比，GTMBA 系列产品的偏差均不大于 0.1 PSU。这表明该处的不一致观测应主要源于现场观测的偏移。需要指出的是，在三种产品中，偏差或标准差必须牺牲其中之一来提高另一指标的表现。例如，实测相对于 CEC 的偏差最低，但标准差最高（图 5.1 中整体的"after"统计）。在后续研究中，将进一步研究证实该问题是否具有偶然性。

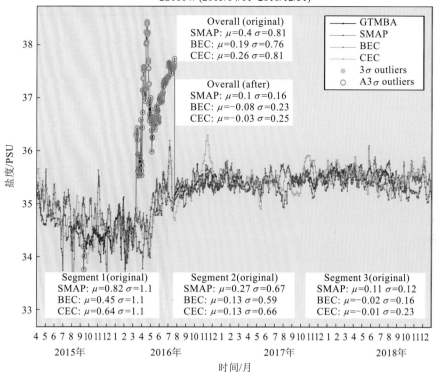

图 5.1 传统三倍标准差方案与改进三倍标准差方案诊断的离群值

GTMBA 和三个卫星产品之间差异的平均值（μ）和标准差（σ）标注在整个时间序列和每个分段（segment）之上。利用传统三倍标准差方案和三种盐度产品硬投票诊断的 GTMBA 观测标记为浅蓝色实心圆（3σ outliers），利用改进三倍标准差方案诊断的标记为空心粉色圆（A3σ outliers）。标记为"original"的统计量为原始观测序列算得，标记为"after"的统计量为删除不一致观测后算得

除图 5.1 所示情况外，还可能出现三个分段均被大范围偏移值污染的情况。在这种情况下，无论是传统三倍标准差方案还是改进三倍标准差方案都不能计算出所有离群值。因此，整个实测数据的时间序列将会相对于卫星遥感盐度产品出现较大偏差。为滤除离群值后的现场观测近表层盐度与卫星盐度序列的偏差（误差绝对值超过一定阈值的时间序列），可将这种现象定义为"离群序列"。考虑上述三种卫星盐度产品均是去偏（debiased）处理后的产品，取 GTMBA 的阈值为 0.1 PSU，Argo 的阈值为 0.2 PSU。

离群值诊断时，格点海表盐度均采用双线性插值到现场观测盐度的散点位置，之后通过改进的三倍标准差方案诊断出相对于 SMAP、BEC、CEC 海表盐度的每种产品的实测盐度离群值，然后将相对于三种盐度卫星产品均为离群值的观测值标记出来。这是一种严格的硬投票策略，用于集成每个盐度卫星产品的诊断结果。它可能会漏掉一些不一致的观测值，但反过来也有利于诊断出最为不一致的观测值。

根据改进的三倍标准差准则和硬投票策略，对 GTMBA 锚系浮标的离群值进行诊断，如表 5.1 所示。其中 65 个浮标存在离群值，至少有 22 个浮标的离群值≥5，15 个浮标的离群值＞10，而 2S180W 浮标存在最大的离群值，高达 137。

表 5.1 诊断出离群值≥5 的 GTMBA 锚系浮标

浮标编号	离群值	浮标编号	离群值
2S180W	137	0N35W	15
5S125W	131	0N140W	13
0N180W	113	8S165E	12
5N180W	72	8N90E	12
5N140W	36	8S110W	8
8N38W	36	0N23W	8
8N95W	35	2S125W	7
8S155W	34	5S110W	7
2N110W	25	0N67E	6
5S155W	23	8N180W	5
12S93E	18	9N140W	5

图 5.2 显示了离群值最大的前 6 个锚系浮标的实测盐度与对应的卫星盐度。这些序列的特征是存在明显的偏移值，可将这些离群值归因于 GTMBA 的可疑近海表盐度测量值。可观察到，大多数的偏移值在持续一段时间后又重新回到与卫星盐度一致的状态，这表明锚系浮标本身可能并没有发生故障，盐度偏移很可能是由生物污染等外在因素引起的。

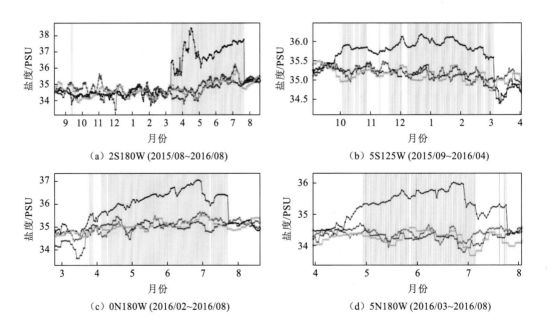

（a）2S180W (2015/08~2016/08)　　　　（b）5S125W (2015/09~2016/04)

（c）0N180W (2016/02~2016/08)　　　　（d）5N180W (2016/03~2016/08)

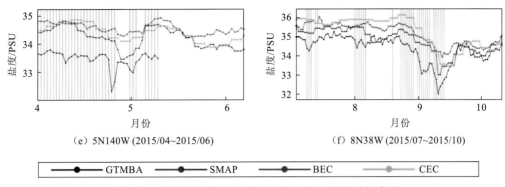

图 5.2　8N38W 浮标及三种卫星产品相对应的时间序列

图中仅显示了含有离群值的时间段；浅紫色的阴影标志着离群值；平台编号和序列的时间跨度被标记在顶部；
锯齿状序列由 9 天 CEC 数据与逐日浮标相匹配合成

可疑的 GTMBA 盐度观测数据可能导致分析场呈现出虚假的现象，并影响卫星产品的质量评估。因此，将诊断出存在问题的 GTMBA 观测数据进行剔除，将有望提升相关产品的质量。可以简单地通过比较偏差（Bias）来说明去除可疑 GTMBA 观测数据的效果。对原始近表层盐度而言，30 个原始浮标对至少两种卫星产品存在偏差，其中 8 个原始浮标对所有三种产品都存在显著偏差（>0.1 PSU）。去除可疑数据后，18 个浮标对至少两个卫星产品存在较显著偏差，只有 3 个浮标对三个卫星产品均存在显著偏差，因此这三个浮标即为离群序列（表 5.2）。考虑这些浮标位于开阔的热带太平洋，而该海区很少有 RFI 的污染，倾向于认为这三个 GTMBA 浮标本身存在质量问题。然而，基于现有数据，还不能完全排除由盐度锋等中尺度现象引起的亚足迹变化的可能性。注意到 5N125W 浮标相对于 BEC 产品的偏差与其他两个产品表现出相反的正负号，表明至少有一个卫星产品存在质量问题。因此，诊断出的离群序列有理由作为盐度卫星产品质量检验的辅助判据。

表 5.2　由 GTMBA 锚系浮标诊断的离群序列　（单位：PSU）

浮标编号	Bias_SMAP	Bias_BEC	Bias_CEC
2S165E	0.19	0.15	0.15
5N125W	0.19	−0.17	0.15
5S180W	0.26	0.11	0.17

采用与 GTMBA 浮标同样的方法对 Argo 浮标离群值进行诊断。由于 Argo 浮标诊断出的离群值绝大多数是零散的，无法像锚系浮标一样直接判断为偏移值，仅将其认定为现场观测与卫星观测的不一致数值。尽管如此，Argo 浮标与三种盐度卫星产品之间仍存在明显偏差（>0.2 PSU）的离群序列（表 5.3），有 25 例离群序列被诊断出来。需要指出的是，超过一半的浮标观测数据相对于三种海表盐度产品的偏差符号是不一致的，这意味着至少有一种海表盐度产品在 Argo 浮标对应位置的数据质量很差。通过对三种卫星产品的标准差和偏差分析，尚无一种卫星产品能够同时显著降低标准差和偏差，需要开展进一步的研究以提高卫星数据的质量，并评估亚足迹变化和中尺度涡旋造成的盐度测量影响。

表 5.3　Argo 近表层盐度的离群序列及其对应三种盐度卫星产品的偏差　（单位：PSU）

编号	Bias_SMAP	Bias_BEC	Bias_CEC	编号	Bias_SMAP	Bias_BEC	Bias_CEC
2901189	0.24	<u>−0.50</u>	−0.37	3901825	<u>−0.36</u>	0.47	0.28
4901118	−1.01	<u>−0.32</u>	0.29	3901836	0.23	0.36	0.47
4901179	−0.71	−0.26	<u>0.35</u>	6903231	<u>−0.55</u>	0.45	0.26
4901800	<u>−0.27</u>	0.63	0.33	4902426	−0.78	−0.72	−1.19
5902262	−0.97	−0.56	−1.03	4902454	−1.36	−1.15	−1.56
6901817	<u>0.47</u>	−0.45	−0.36	4902442	0.39	1.33	0.21
7900236	<u>0.83</u>	−1.87	−0.71	4902455	0.28	0.24	<u>−0.39</u>
6901764	0.53	0.27	<u>−0.55</u>	4902456	−0.47	<u>0.24</u>	−0.83
6901766	0.60	0.37	<u>−0.32</u>	4902457	−0.66	−0.62	−1.60
2902969	0.23	0.48	0.42	4903048	0.53	0.60	0.45
5903100	0.64	0.57	0.42	5905772	0.37	0.26	0.53
3901894	0.44	0.35	0.40	5905777	<u>0.20</u>	−0.45	−0.52
2903182	0.29	0.21	0.27				

注：带下划线的值表示一个盐度卫星产品的偏差与其他两个的偏差具有相反的符号

　　Argo 离群序列主要分布于地中海、西部边界流和南极绕极流等几个区域，这些区域或被 RFI 污染，或存在大量的中尺度涡旋。一般来说，亚足迹变化引起的正异常通常可以被负异常所平衡，因此单纯受亚足迹变化影响的观测并不存在整个序列的明显偏差。这表明表 5.3 中的离群序列可能是合格的 Argo 观测数据和有偏差的卫星遥感产品的组合。而对于近表层盐度与三种产品的偏差符号相同的情况，有可能反映出三种盐度卫星产品中共性的系统误差。

5.1.3　不一致观测对

　　由于 Argo 诊断出的离群值是离散的，很难将其认定为 Argo 的可疑观测值，所以将该离群值称为不一致观测对（collocated inconsistent observation pairs，CIOP）。在 60°S～60°N 所有的 6 812 个 Argo 浮标中，636 个浮标被诊断为至少存在一个 CIOP。大多数（445个）诊断出的 Argo 浮标只有一个 CIOP，其中 41 个浮标有超过 5 个 CIOP（表 5.4）。

表 5.4　诊断出超过 5 个 CIOP 的 Argo 浮标

编号	CIOP 个数	编号	CIOP 个数
5903108	13	6901181	6
4902122	12	4902115	6
4901812	11	3901604	6

编号	CIOP 个数	编号	CIOP 个数
4901624	10	5903107	6
4901466	9	3901984	6
4901713	9	1901672	5
6902675	9	4901057	5
3901595	9	4901400	5
6901508	8	4901462	5
4901591	7	4901478	5
4901598	7	4901479	5
4901704	7	4901523	5
4901765	7	4901763	5
5903605	7	6901741	5
6901448	7	5903135	5
6902634	7	4901816	5
4902382	7	3901602	5
3901893	7	4902927	5
3901507	6	5905221	5
5904025	6	5905772	5
6902575	6		

重点考虑表 5.4 中前 6 个 Argo 浮标，这些浮标具有为数最多的 CIOP，它们的时间序列如图 5.3 所示。当序列平稳变化时，Argo 观测资料和卫星遥感产品系列通常是一致的，但图 5.3（a）和（e）中的连续 CIOP 除外。然而，当 Argo 急剧变化至局部极值时，如图 5.3（d）中的低盐度峰值，卫星观测容易与 Argo 观测结果分离。需要注意的是，在许多 CIOP 中，Argo 观测近表层盐度数值可能比卫星遥感海表盐度数值更低。尽管由于蒸发作用，海面上可能存在高盐度"表皮"（salty skin），但据 Yu 等（2010）估计该差异大小一般不超过 0.15 PSU。因此，从近表层的层结角度来看，大多数负异常超过 0.5 PSU 是不合理的。

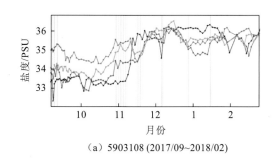

（a）5903108（2017/09~2018/02）

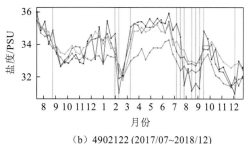

（b）4902122（2017/07~2018/12）

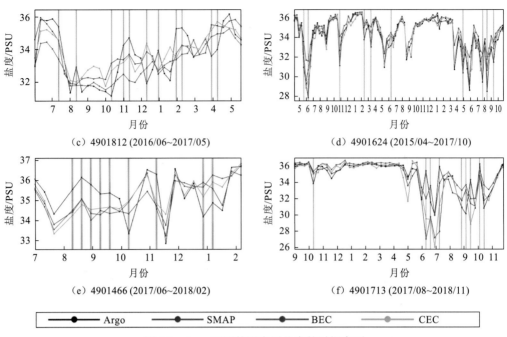

（c）4901812（2016/06~2017/05）

（d）4901624（2015/04~2017/10）

（e）4901466（2017/06~2018/02）

（f）4901713（2017/08~2018/11）

| —●— Argo | —●— SMAP | —●— BEC | —●— CEC |

图 5.3　Argo 观测的近表层盐度的时间序列

编号 5903108 是高频 Argo 浮标

为了确认 CIOP 是否在空间上相关，图 5.4 中绘制了 6 个浮标的轨迹。其中 4 个浮标位于墨西哥湾流区域，虽然该区域标记为湾流区，但浮标正在向南[图 5.4（a）和（c）]和向西[图 5.4（b）]移动。这表明它们不是由湾流驱动的，而是由拉布拉多海流侵入或湾流回流驱动的。这 4 个浮标的一个共同特征是，所有 CIOP 都位于 36°N 以北。而位于亚马孙河口的 2 个浮标，CIOP 分布在陆地附近。低盐度地区的观测似乎更容易被诊断为 CIOP。然而，CIOP 与海陆距离之间无法得出明确的相关关系，例如图 5.3（d）中的尖峰值及其在图 5.4（d）中对应的位置分布散乱。此外，图 5.4（a）和（e）中的轨迹意味着图 5.3（a）和（e）中的连续 CIOP 被中尺度涡旋捕获。

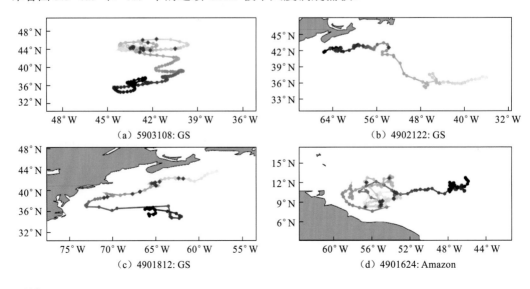

（a）5903108：GS

（b）4902122：GS

（c）4901812：GS

（d）4901624：Amazon

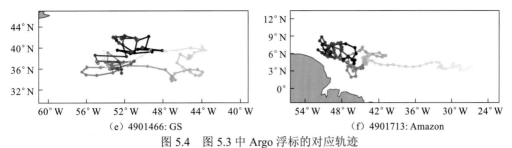

（e）4901466: GS　　　　　　　　　　（f）4901713: Amazon

图 5.4　图 5.3 中 Argo 浮标的对应轨迹

GS 为墨西哥湾流，Amazon 为亚马孙冲淡水。浮标从浅黑色位置移动到深黑色位置。
红点标记为这些不一致观测对的位置

如图 5.5 所示，大多数剖面呈现 10 m 或更深的混合层（等盐度层）。在这种情况下，近海表层层结不是"不一致"的主要原因。此外，对于相同的 Argo 浮标，负（正）异常往往出现在近表层盐度低（高）的剖面上，正异常的数量几乎等于负异常的数量[图 5.5（d）

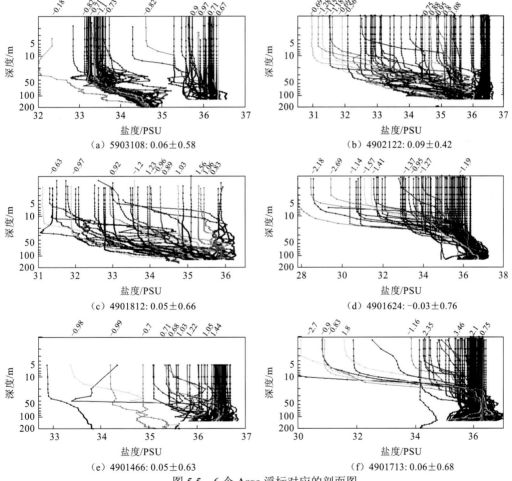

图 5.5　6 个 Argo 浮标对应的剖面图

每个子图顶部标记的值是 Argo 观测近表层盐度和三个海表盐度卫星产品之间的最小差值，即用红色的正值和蓝色的负值标记 Argo 减去 SMAP、Argo 减去 BEC 和 Argo 减去 CEC 后的绝对值最小的差值。近表层盐度为 CIOP 的剖面，用彩色绘制，其他剖面用黑色绘制。Argo 观测近表层盐度减去卫星遥感海表盐度的平台编号和调整后的平均值±3 倍标准差标记在子图题浮标编号后。y 轴以对数间隔排列，突出显示近海表的层结状况

除外]。这些特征符合亚足迹变化规律，图 5.4（a）、（b）、（e）、（f）中的涡旋轨迹也反映了这种变化。以图 5.4（b）为例，其在涡旋中徘徊的轨迹对应于图 5.5（b）中密集的异常值。

图 5.5 中的大多数剖面也都表现出近海表混合层，甚至在淡水过程占主导地位的亚马孙羽流中也是如此。近表层的层结因素对 Argo 近海表盐度的影响并不显著。该结论与 Boutin 等（2016）的结果并不矛盾，因为海表的淡化通常是短暂的，且 Argo 的最浅测量通常不能到达最表层。正如 Boutin 等（2016）所述，能够分辨近表层盐度所需的最小实测深度仍需进一步研究。

此外，由于盐度反演和校正过程中可能会向气候态拉近，三种卫星产品在反映剧烈变化的盐度值方面表现均不好。例如，图 5.3（d）中普遍存在的尖峰值使编号为 4901624 的 Argo 浮标序列观测值具有 3.47 PSU^2 的高方差，而 SMAP/BEC/CEC 遥感产品方差仅为 2.73/1.47/2.73 PSU^2。尽管图 5.5（d）中显示的异常均为负值，但整个序列的平均偏差为-0.03 PSU，因此排除了较大的方差是由明显的负偏差引起的可能性。同时，图 5.3（d）中的尖峰值对应于图 5.5（d）中散乱分布的异常值，这说明图 5.5（d）和（b）中的与涡旋运动相关的异常值不同，是非系统性的，因而这种误差一般难以得到校正。

从 2017 年 8 月至 9 月中旬，图 5.3（e）中存在一系列连续的不一致对，主要表现为 Argo 观测近表层盐度比卫星遥感海表盐度高出 0.6 PSU 以上，而这三种卫星产品彼此非常一致。这种连续的不一致使我们对亚足迹变化和近表层层结持怀疑态度，因为中尺度运动和降雨或蒸发引起的近表层层结通常只有较短的寿命，且在其他 Argo 剖面中均未发现类似现象。为了调查这种观测不一致背后的原因，对比分析多种产品的水平形态，如图 5.6 所示。

图 5.6 中，Argo 观测近表层盐度明显高于卫星遥感海表盐度。一个可能的原因是淡水覆盖在咸水之上。然而，在图 5.5（e）中，大多数正异常剖面的上混合层形状不符合近海表层层结的分布规律。尽管图 5.5（e）中缺少<5 m 的盐度，但 GLORYS 和 HYCOM 盐度剖面中，海表和 5 m 之间的盐度差异不超过 0.2 PSU。因此，近海表层层结并不是主导因素。此外，在 Argo 浮标附近，HYCOM 和 GLORYS[图 5.6（e）和（f）]盐度剖面也呈现出与三个卫星遥感海表盐度产品类似的分布形态。这表明卫星遥感海表盐度产品未受到严重的系统误差影响。

由图 5.6（d）可知，该 Argo 浮标被中尺度涡旋捕获，这与图 5.4（e）中的轨迹相一致，表明中尺度涡旋相关的亚足迹变化可能是观测不一致的主要原因。图 5.6（a）～（c）的海表盐度分布中，Argo 浮标 4901466 周围的盐度呈现较大的水平梯度，表明卫星足迹内的平均盐度很可能与 Argo 浮标的逐点盐度观测值不一致。然而，该区域任何盐度值均明显低于 Argo 浮标盐度数据。此外，Argo 浮标位于一个相当均匀的涡旋内，其近表层温度与图 5.6（g）中的卫星遥感海表温度一致。因此，仅仅认为海表盐度的观测受亚足迹变化影响，而海表温度不受影响是不合理的。一种可能的解释是，MUR 的海表温度产品的空间分辨率比三颗卫星的海表盐度遥感产品高得多。然而，更粗糙的 OSTIA 海表温度产品数据也与 Argo 观测温度一致。这意味着亚足迹变化不能完全解释这种差异。

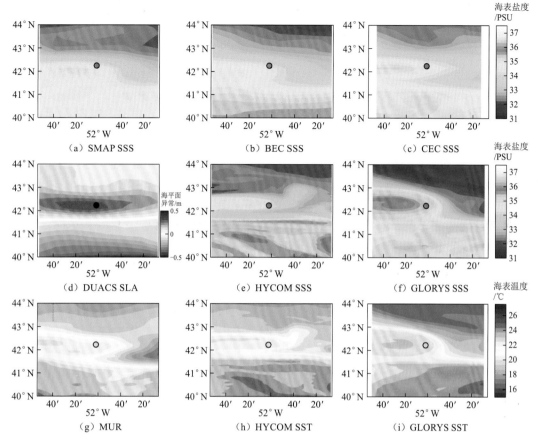

图 5.6 2017 年 8 月 29 日不同产品的海表分布圆圈标记 Argo 4901466 的位置

图（a）～（c）和（e）～（f）中圆圈的填充值表示 Argo 观测盐度值，
图（g）～（i）中圆圈的填充值表示 Argo 的近表层温度

  Argo 浮标传感器故障也是可能的原因之一。与 GTMBA 浮标不同，Argo 浮标是通过在海表和水下循环下潜、上浮进行测量，因此 Argo 传感器的故障意味着整个剖面都将偏离气候态。图 5.7（b）中，在 2017 年 8 月至 9 月中旬可以看到相对于 WOA13 产品的显著且持续的盐度正异常和对应于图 5.7（a）中的正盐度差异。盐度异常比季节变化更为显著，并呈现出表面最强的形态。对温度而言，图 5.7（c）中的温度异常与图 5.7（b）中的温度异常相似，但异常中心位于表层以下。2017 年 8 月至 9 月中旬，温度异常中心位于数十米处，而非表层。因此，Argo 浮标的近表层温度是与气候态接近的。结合 Argo 浮标观测海温与卫星遥感海温的一致性，可以判断 Argo 温度传感器是否处于正常运行状态。在这种情况下，表层以下的海温很可能对应于合理的中尺度结构。同时，图 5.7（b）和（c）描绘的温盐结构非常相似，因此 Argo 浮标观测的盐度应当是准确可靠的。

  根据以上分析，Argo 4901466 浮标的连续不一致观测可能是由卫星遥感海表盐度和 Argo 浮标观测近表层盐度的固有差异造成的。通过 HYCOM 和 GLORYS 产品的纬向剖面进一步研究观测不一致的原因，如图 5.8 所示。虽然两组数据的详细结构各不相同，但两组数据都刻画出了覆盖反气旋涡旋的混合层。表层温度与表层盐度的主要区别是混

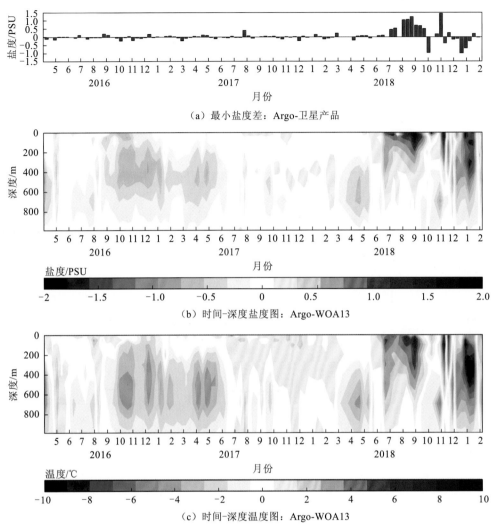

（a）最小盐度差：Argo-卫星产品

（b）时间-深度盐度图：Argo-WOA13

（c）时间-深度温度图：Argo-WOA13

图 5.7　Argo 4901466 浮标和卫星产品之间最小盐度差及 Argo 观测值减去 WOA13 产品
气候态的时间-深度分布图

合层温度相当均匀，而盐度则存在明显的水平梯度。特别是 Argo 浮标恰好位于海表的咸水和淡水的分界线。温度和盐度之间形态的不同，能够解释仅有海表盐度受亚足迹变化的原因。然而，图 5.8 中 Argo 浮标观测近表层盐度相对于周围卫星遥感海表盐度明显要高得多，若亚足迹变化是支配性因素，则 Argo 附近的海表盐度应表现出高盐度值，但这在卫星遥感海表盐度产品中并未得到体现。亚足迹变化实际上是空间采样不足的体现，因此时间采样可能也是一个重要的因素，尽管该因素并未被前人强调。卫星遥感海表盐度资料是准逐周产品，目前只有 SMOS 和 SMAP 卫星仍可以测量海表盐度，而这两颗卫星需要大约一周的时间才能实现全球覆盖。相反，许多卫星可以从空间观测海温，卫星海表温度的时间采样率要更高。因此，卫星遥感海表盐度的时间欠采样是 Argo 4901466 浮标出现连续不一致的合理解释。

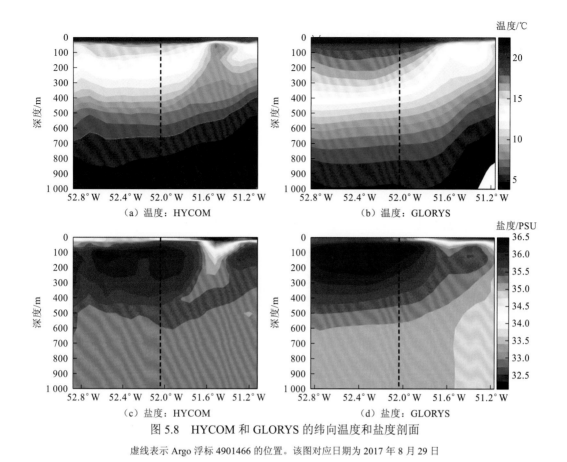

图 5.8　HYCOM 和 GLORYS 的纬向温度和盐度剖面

虚线表示 Argo 浮标 4901466 的位置。该图对应日期为 2017 年 8 月 29 日

综上所述，近海表层层结并不是遥感盐度和实测盐度之间存在观测不一致的主要原因，而亚足迹变化和时间欠采样是造成不一致的支配性因素。亚足迹变化的影响已得到了研究人员的高度重视，但时间欠采样的影响还没有被系统地揭示过，需要研究人员重点关注。

5.2　基于卫星遥感的三维盐度场重构应用

卫星遥感盐度的作用不仅仅局限于海表，众多研究表明海表盐度资料可为三维盐度结构诊断提供重要信息。Hansen 等（1999）基于线性回归方法从温度剖面和表面盐度反演了赤道东太平洋的盐度剖面，相较于反演温盐剖面计算的位势高度，使用海表盐度资料的均方根误差比不使用海表盐度资料减少了 50%，凸显了海表盐度在水下结构反演的重要性。Agarwal 等（2007）使用联合经验正交函数分解和遗传算法，从卫星遥感探测的海表温度和 Argo 浮标观测的海表盐度得到印度洋三维盐度场。Ballabrera-Poy 等（2009）运用三种模型对东北大西洋上层 1 200 m 盐度进行重构，结果表明，当模型中包含海表盐度时，海洋上层反演效果得到明显提升，同时强调了卫星遥感海表盐度资料在三维盐度场重构中的潜在应用价值。

尽管如此，现有的盐度垂直剖面重构研究还较少采用海表盐度卫星数据。因此，将盐度卫星产品信息应用于盐度剖面的重构，拟合构建更为科学合理的三维盐度场是亟待开展的工作，具有重要的应用前景。

5.2.1 温盐场重构方法

1. 传统统计重构方法

海洋三维要素场的传统统计重构方法主要包括线性回归方法和统计模态方法。

1）线性回归方法

多元线性回归（multi-variate linear regression，MLR）方法可用于垂直廓线反演。首先对模式数据进行观测系统模拟实验（Guinehut et al.，2004），继而将其用于真实的区域性观测（Larnicol et al.，2006），最终在真实的全球性观测得以检验（Guinehut et al.，2012）。线性回归在海洋重构中历经多次改进应用。Buongiorno（2012）通过加入海表盐度产品并增加海表温度的有效分辨率对该方法进行了扩展，基于该方法得到了三维温盐场。Mulet 等（2012）利用热成风关系估计得到了全球三维地转流场。Buongiorno（2013）利用非黏性绝热半地转诊断方程描述了一次中尺度热带气旋的演变。

利用多元线性回归方法，盐度剖面 S 可以表示为

$$\delta S(x,y,z,t) = \lambda(x,y,z,t) \cdot \text{SLA}(x,y,t) + \delta\theta(x,y,z,t) \cdot \delta\text{SSS}(x,y,t) \tag{5.1}$$

式中：δ 为相对于月平均气候态的异常；λ 和 θ 分别为海平面异常和海表盐度向 S 回归的系数，随深度、位置、时间而变（为了清晰仅写出深度 z），表示为变量间的协方差：

$$\lambda(z) = \frac{\langle\delta\text{SSS},\delta\text{SSS}\rangle \cdot \langle\delta\text{SLA},\delta S(z)\rangle - \langle\delta\text{SLA},\delta\text{SSS}\rangle \cdot \langle\delta\text{SSS},\delta S(z)\rangle}{\langle\delta\text{SLA},\delta\text{SLA}\rangle \cdot \langle\delta\text{SSS},\delta\text{SSS}\rangle - \langle\delta\text{SLA},\delta\text{SSS}\rangle^2} \tag{5.2}$$

$$\theta(z) = \frac{\langle\delta\text{SLA},\delta\text{SLA}\rangle \cdot \langle\delta\text{SSS},\delta S(z)\rangle - \langle\delta\text{SLA},\delta\text{SSS}\rangle \cdot \langle\delta\text{SLA},\delta S(z)\rangle}{\langle\delta\text{SLA},\delta\text{SLA}\rangle \cdot \langle\delta\text{SSS},\delta\text{SSS}\rangle - \langle\delta\text{SLA},\delta\text{SSS}\rangle^2} \tag{5.3}$$

式中：$\langle a \cdot b\rangle$ 即为 $a \cdot b / n$，n 为样本数。式（5.1）的本质是局部等权回归，即取某格点周边一定时空窗口内的剖面数据近似作为该点的观测值，通过局部等权平均的方式获取协方差，并进一步计算回归系数。式（5.1）作为 MODAS 系统表层-水下回归的核心公式，在后续的工作中进行了一定改进，例如加入经纬度因子取代局部等权的方式，可以更好地将海洋要素的水平非均匀性考虑在内。

2）统计模态方法

统计模态方法基于历史数据构建垂向的（多变量）经验模态，如通过奇异向量分解（singular vector decomposition，SVD）求解获得的经验正交模态（empirical orthogonal function，EOF）。在此基础上提出的方法主要包括单变量 EOF 重构（single EOF reconstruction，sEOF-R）（Carnes et al.，1994）、耦合模态重构（coupled pattern reconstruction，CPR）（Buongiorno，2004）、多变量 EOF 重构（multivariate EOF reconstruction，mEOF-R）

（Buongiorno et al.，2017，2006）等。EOF 的解释性更强一些，如比容高度（steric height，SH）的第一经验模态在形状上可以与第一斜压模相类似（Buongiorno et al.，2005）。从统计意义上来说，EOF 具有表层-水下回归不具备的优点：一是 EOF 可以包含采样频率以内几乎所有尺度的信号，理论上通过所有 EOF 的合理叠加可以得到一个近乎完美的解；二是 EOF 对时空进行了分解，即 EOF 代表了整个剖面的空间状态，仅需要通过乘上一个与深度无关的振幅即可叠加产生解，起到了降维的作用。

根据历史数据，可将温度（T）、盐度（S）和密度（ρ）的剖面纳入式（5.4）的多元矩阵 $\boldsymbol{X}$ 中：

$$\boldsymbol{X} = \begin{bmatrix} \hat{T}(0,t_1) & \hat{T}(0,t_2) & \dots & \hat{T}(0,t_n) \\ \vdots & \vdots & & \vdots \\ \hat{T}(z_m,t_1) & \hat{T}(z_m,t_2) & \dots & \hat{T}(z_m,t_n) \\ \hat{S}(0,t_1) & \hat{S}(0,t_2) & \dots & \hat{S}(0,t_n) \\ \vdots & \vdots & & \vdots \\ \hat{S}(z_m,t_1) & \hat{S}(z_m,t_2) & \dots & \hat{S}(z_m,t_n) \\ \hat{\rho}(0,t_1) & \hat{\rho}(0,t_2) & \dots & \hat{\rho}(0,t_n) \\ \vdots & \vdots & & \vdots \\ \hat{\rho}(z_m,t_1) & \hat{\rho}(z_m,t_2) & \dots & \hat{\rho}(z_m,t_n) \end{bmatrix} \tag{5.4}$$

式中：$z_i(i=1,2,\cdots,m)$ 为垂直层；$t_j(j=1,2,\cdots,n)$ 为时间；T、S 和 ρ 上的尖角表示变量已经被月平均剖面和标准差标准化了。通过对 $\boldsymbol{XX}^{\mathrm{T}}$ 的奇异向量分解计算逐月的经验模态，温度、盐度和密度就可以投影在不同的经验模态上，但具有相同的振幅。

$$\begin{cases} \hat{T}(z_i,t_j) = \sum_{k=1}^{N} a_k(t_j) L_k(z_i) \\ \hat{S}(z_i,t_j) = \sum_{k=1}^{N} a_k(t_j) M_k(z_i) \\ \widehat{SH}(z_i,t_j) = \sum_{k=1}^{N} a_k(t_j) N_k(z_i) \end{cases} \tag{5.5}$$

式中：L_k、M_k、$N_k(k=1,2,\cdots,k)$ 分别为 T、S 和 SH 的第 k 阶模态；不同的变量有相同的振幅 a_k。在常规的 mEOF-R 中，振幅是通过拟合温度、盐度和比容高度来计算的：

$$\begin{cases} \hat{T}(0,t_j) = a_1(t_j)L_1(0) + a_2(t_j)L_2(0) + a_3(t_j)L_3(0) \\ \hat{S}(0,t_j) = a_1(t_j)M_1(0) + a_2(t_j)M_2(0) + a_3(t_j)M_3(0) \\ \widehat{SH}(0,t_j) = a_1(t_j)N_1(0) + a_2(t_j)N_2(0) + a_3(t_j)N_3(0) \end{cases} \tag{5.6}$$

需要注意的是，式（5.6）可以被截断为两个甚至一个模态，需要根据具体的重构效果确定选用的模态数。

2. 动力重构方法

海洋本身含有的动力学规律对海洋温盐要素场分布起到了支配作用。尽管如此，完备的海洋动力学支配方程组（即数值模式）无法快速得出海洋环境信息，研究者考虑采用简化动力学方法进行重构，典型的方法是基于准地转湍流理论得到的适用于中纬度的垂向动力模态。传统的准地转湍流理论认为，海洋内部的动力模态可分解为正压模和斜压模（Pedlosky，1982）。在准地转湍流理论中，如果不考虑内部的位势涡度（potential vorticity，PV），仅考虑海表的浮力对运动的驱动，可以得到准地转的一种特殊情况，即表层准地转（surface quasi-geostrophic，SQG）动力框架（Lapeyre，2017）。Lapeyre（2009）指出，SQG 方程的解实际上是一种独特于正压模和斜压模的表层陷获模（surface-trapped mode），其主要能量集中在表层，而在跃层内迅速衰减。从 SQG 理论出发，可以引入动力模态进行海洋表层-水下重构。

Lacasce 等（2006）和 Isern-Fontanet 等（2006）最早将 SQG 模态应用到海洋中，然而单一的 SQG 模态可解释的海洋信号有限，重构效果仍有较大提升空间。研究者尝试近似求取位涡驱动的内部解并与 SQG 解叠加。Lapeyre 等（2006）通过建立海表密度（sea surface density，SSD）与上层位势涡度的线性关系，提出了 eSQG（effective SQG）方法，能够有效改善上层 500 m 的重构效果。eSQG 方法在多种高分辨率模式输出资料中得到了应用检验（Qiu et al.，2016；Klein et al.，2009；Isern-Fontanet et al.，2006）。Wang 等（2013）把内部解投影到正压模和斜压模上，从而提出正压模+第一斜压模+SQG 模的内部叠加表层准地转（interior plus surface quasi-geostrophic，isQG）方法。Liu 等（2014，2017）将该方法进一步拓展，并在实测资料中得到了初步检验。针对 isQG 应用到超高分辨率的模式产品时存在的问题，Liu 等（2019）提出了 isQG 和 eSQG 相结合的 L19 方法。准地转理论适用于中尺度乃至亚中尺度，而仅需要提供一个区域的平均层结剖面就可以将海表信息投影下去，这意味着以 SQG 相关方法为代表的动力学方法可以不依赖大量水下数据而求解出较符合海洋规律的三维高分辨率密度场。SQG 相关方法重构得到的密度可以进一步与 Omega 方程等相结合，从而诊断出三维流场（Liu et al.，2021；Qiu et al.，2019；Buongiorno et al.，2018）。

在准地转位涡（quasi-geostrophic potential vorticity，QGPV）方程中，q 为唯一未知量：

$$\nabla^2\psi+\frac{\partial}{\partial z}\left(\frac{f_0^2}{N^2}\frac{\partial\psi}{\partial z}\right)=q \tag{5.7}$$

$$\text{B.C.} \quad \left.\frac{\partial\psi}{\partial z}\right|_{z=0}=\frac{b|_{z=0}}{f_0}=\frac{b_s}{f_0}; \qquad \left.\frac{\partial\psi}{\partial z}\right|_{z=-H}=b|_{z=-H}=0 \tag{5.8}$$

式中：q 为准地转位涡；ψ 为准地转流函数；$b_s=-g\rho_s/\rho_0$ 为海表浮力，ρ_s 为海表密度，ρ_0 为水柱平均密度；N^2 为浮力频率；f_0 为科里奥利力；H 为假设的海底深度；B.C.为边界条件。重构中更关注的密度 ρ 和水平速度 V 可由式（5.9）计算获得

$$\rho=-\frac{\rho_0 f_0}{g}\frac{\partial\psi}{\partial z}; \qquad V=z\times\nabla\psi \tag{5.9}$$

式中：g 为重力加速度；V 为速度矢量；z 为垂直于海表向上的单位矢量，$z\times\nabla\psi$ 为垂直于海表向上的函数梯度。

需要注意的是，水平速度是完全由密度决定的地转流。此外，式（5.7）～式（5.9）为扰动形式，可通过二次曲面低通滤波器预先扣除背景场获得。

QGPV 方程为线性方程，可分解为 $\psi=\psi_s+\psi_i$，其中 ψ_s 为 SQG 方程，ψ_i 为内部解

方程。

SQG 方程[式（5.10）]是保留非齐次边界条件（B.C.）的齐次方程，即不考虑海洋内部位涡的作用而仅考虑海表浮力的驱动。该方程在傅里叶空间中通过表面浮力和 N^2 剖面求解。该方程的解称为 SQG 解，它事实上是一个动力模态，称为 SQG 模或表层陷获模。也可以通过式（5.10）求出流函数 ψ_s，再代入式（5.9）得到 SQG 解对应的密度 ρ_{SQG}。

$$\begin{cases} \nabla^2 \psi_s + \dfrac{\partial}{\partial z}\left(\dfrac{f_0^2}{N^2} \dfrac{\partial \psi_s}{\partial z} \right) = 0 \\ \dfrac{\partial \psi_s}{\partial z}\bigg|_{z=0} = \dfrac{b_s}{f_0}; \dfrac{\partial \psi_s}{\partial z}\bigg|_{z=-H} = 0 \end{cases} \qquad (5.10)$$

内部方程[式（5.11）]则是齐次边界条件的非齐次方程，即仅考虑位涡作用而不考虑浮力在海表的影响。由于内部的位涡 q 未知，该方程无法直接求解。

$$\begin{cases} \nabla^2 \psi_i + \dfrac{\partial}{\partial z}\left(\dfrac{f_0^2}{N^2} \dfrac{\partial \psi_i}{\partial z} \right) = q \\ \dfrac{\partial \psi_i}{\partial z}\bigg|_{z=0} = 0; \dfrac{\partial \psi_i}{\partial z}\bigg|_{z=-H} = 0 \end{cases} \qquad (5.11)$$

isQG 方法较为巧妙地绕过了式（5.11）的求解，将 QGPV 投影到正压模或斜压模，即 Strum-Liouville 方程的特征向量之上：

$$\begin{cases} \dfrac{\partial}{\partial z}\left(\dfrac{f_0^2}{N^2} \dfrac{\partial F_m}{\partial z} \right) = -R_m^{-2} F_m \\ \dfrac{\mathrm{d}F_m}{\partial z}\bigg|_{z=0} = 0; \dfrac{\partial F_m}{\partial z}\bigg|_{z=-H} = 0 \end{cases} \qquad (5.12)$$

式中：F_m 为正压模（$m=0$）或斜压模（$m>0$）；R_m 为对应的罗斯贝（Rossby）变形半径。

在傅里叶空间，内部解可分解为

$$\hat{\psi}_i(k,l,z) = \sum_n A_n(k,l) F_n \qquad (5.13)$$

式中：k 和 l 分别为纬向波数和经向波数；带帽尖的变量位于傅里叶空间；振幅 A_n 可通过将内部模态拟合到海表高度（η）和假设的零海底浮力来确定。由于只有两种边界条件，只能引入正压模（F0）和第一斜压模（F1），如式（5.14）所示。

$$\begin{cases} A_0(k,l)\mathrm{F0}(0) + A_1(k,l)\mathrm{F1}(0) + \hat{\psi}_s(k,l,0) = \dfrac{g}{f_0}\hat{\eta}(k,l) \\ A_0(k,l)\mathrm{F0}(-H) + A_1(k,l)\mathrm{F1}(-H) + \hat{\psi}_s(k,l,-H) = 0 \end{cases} \qquad (5.14)$$

需要注意的是，SQG 解事实上存在许多假设和限制。SQG 实质上忽略了非绝热过程，为了在傅里叶空间中求解 SQG，必须假设水平边界条件是周期性的开边界，且整个区域内的层结剖面较为均匀。因此，SQG 的典型应用场景是在开阔大洋中相对较小的方形区域（小于 10°），并采用区域平均层结剖面。

3. 动力统计重构方法

考虑 SQG 模态和第一斜压模态无法有效反映次表层强化涡旋，引入统计模态与动力模态相结合，拓展动力统计重构方法。在统计模态的提取过程中，通过密度和比容高度对传统 mEOF-R 的多元矩阵 $\boldsymbol{X}$ 进行改造，如式（5.15）所示。由于密度和比容高度的量纲不同，统计模态提取的框架实质上基于标准化的密度/比容高度，即距平除标准差。其中，距平和标准差根据月平均剖面获得。

$$\boldsymbol{X} = \begin{bmatrix} \rho(0,t_1) & \rho(0,t_2) & ... & \rho(0,t_n) \\ \rho(z_1,t_1) & \rho(z_1,t_2) & ... & \rho(z_1,t_n) \\ \vdots & \vdots & & \vdots \\ \rho(z_m,t_1) & \rho(z_m,t_2) & ... & \rho(z_m,t_n) \\ \mathrm{SH}(0,t_1) & \mathrm{SH}(0,t_2) & ... & \mathrm{SH}(0,t_n) \\ \mathrm{SH}(z_1,t_1) & \mathrm{SH}(z_1,t_2) & ... & \mathrm{SH}(z_1,t_n) \\ \vdots & \vdots & & \vdots \\ \mathrm{SH}(z_m,t_1) & \mathrm{SH}(z_m,t_2) & ... & \mathrm{SH}(z_m,t_n) \end{bmatrix} \quad （5.15）$$

$$\begin{cases} \rho(z_i,t_j) = \sum_{k=1}^{N} a_k(t_j)L_k(z_i) \\ \mathrm{SH}(z_i,t_j) = \sum_{k=1}^{N} a_k(t_j)M_k(z_i) \end{cases} \quad （5.16）$$

式中：$z_i\,(i=1,2,\cdots,m)$ 为垂直层；$t_j\,(j=1,2,\cdots,n)$ 为时间；$L_k\,(k=1,2,\cdots,N)$ 为密度的第 k 个模态；$M_k(k=1,2,\cdots,N)$ 为 SH 的第 k 个模态。$\mathrm{mEOF}_k=\{L_k,M_k\}$ 可以用奇异向量分解（SVD）方法计算。mEOF 的特点在于其耦合了不同的变量，使它们具有相同的且与深度无关的振幅（a_k）。

拟合海表密度和高度估计振幅，如式（5.16）所示。与 isQG 类似，由于可提供的边界条件只有 2 个，最多只能引入 2 个 mEOF 的统计模。

尽管采用的模态的形式不同，但 isQG 和 mEOF-R 方法均采用模态叠加及利用海表数据（和海底为 0 的假设）拟合振幅，如表 5.5 所示。SQG 模本身是由海表密度产生的，是一个固定的模态，不需要通过振幅进行放缩。而对于 isQG 方法，引入的两个动力模态则需要有两个边界条件才能求解。SQG 解理论上在海表与海表密度（SSD）完全一致，因此只能通过海表高度和底密度异常为 0 的假设约束两个动力模。而 mEOF-R 方法提取的经验模态则可以根据海表密度和海表高度的约束，确定两个 mEOF 的振幅。在求解方式方面，mEOF-R 方法与 isQG 方法非常接近，两种算法的框架可以相互借鉴、取长补短，从而形成一种动力-统计重构算法。

表 5.5　通过不同方法可以引入的模态和相应的自由度及振幅的拟合方式

方法	最多可引入模态	自由度	密度拟合	高度拟合
SQG	SQG 模	—	—	—
isQG	SQG 模+2 动力模	2	底部为 0 假设	海表高度
mEOF-R	2 统计模	2	海表密度	海表高度
SQG-mEOF-R	SQG 模+2 统计模	2（待检验）	底部为 0 假设（待检验）	海表高度

注：海表密度和海表高度为扰动或异常的形式

由于 SQG 解是海表密度的直接投影，真实密度场在扣除 SQG 解后，海表密度为 0，只有海表高度可以在移除 SQG 模后提供边界条件，如果加上海底密度异常为 0 的假设，最多可有 2 个自由度。以式（5.17）的形式将 SQG 与 mEOF-R 结合起来，新方法命名为 SQG-mEOF-R。

$$\begin{cases} \rho(z_i,t_j) = \sum_{k=1}^{N} \tilde{a}_k(t_j)\tilde{L}_k(z_i) + \rho_{SQG}(z_i,t_j) \\ SH(z_i,t_j) = \sum_{k=1}^{N} \tilde{a}_k(t_j)\tilde{M}_k(z_i) + SH_{SQG}(z_i,t_j) \end{cases} \quad (5.17)$$

式中：ρ_{SQG} 为式（5.9）和式（5.10）的解，且 SH_{SQG} 通过 ρ_{SQG} 的垂直积分获得。注意，SH 实质上与 QG 流函数类似，都是密度的积分。通过海面密度（SSD）和区域平均 N^2 剖面计算 SQG 解后，可通过 SQG 残余（SQG residual）密度和 SH_a 估计统计模：

$$\begin{cases} \rho_a(z_i,t_j) = \rho(z_i,t_j) - \rho_{SQG}(z_i,t_j) \\ SH_a(z_i,t_j) = SH(z_i,t_j) - SH_{SQG}(z_i,t_j) \end{cases} \quad (5.18)$$

按照 mEOF-R 的类似步骤，可以根据平均 SQG 残余模（简称 SQG_res）剖面估计 SQG_res 的统计模 mEOFs。必须注意的是，SQG 解的表面密度等于输入海表密度[式（5.9）和式（5.10）的边界条件]。因此，密度模的表面值为零，密度的海表边界条件失去有效性。可以在假设底部 SQG_res 密度为零的情况下添加一个底部边界条件。然而，只有在保证 SQG 解在底层的准确性时，才能维持该假设。由于 SQG 模不受振幅的约束，如式（5.19）所示，可以根据海表高度和海底的 SQG_res 密度为零的假设，最多引入 2 个 mEOF。

$$\begin{cases} SH_a(0,t_j) = \tilde{a}_1(t_j)\tilde{M}_1(0) + \tilde{a}_2(t_j)\tilde{M}_2(0) \\ \rho_a(-H,t_j) = \tilde{a}_1(t_j)\tilde{L}_1(-H) + \tilde{a}_2(t_j)\tilde{L}_2(-H) = 0 \end{cases} \quad (5.19)$$

由于 SQG 解在深层仍有较大误差，只采用 1 个 mEOF 较 2 个 mEOF 更优，式（5.19）可以简化为

$$SH_a(0,t_j) = \tilde{a}_1(t_j)\tilde{M}_1(0) \quad (5.20)$$

SQG-mEOF-R 方法的实现步骤具体如下。①使用海表密度和区域平均 N^2 式（5.9）和式（5.10）计算三维 SQG 解。②在每个格点上，通过从该点的剖面中去除 SQG 解，获得 SQG 剩余密度/SH 剖面。构造如式（5.15）所示的多元矩阵，并使用 SVD 计算 SQG_res mEOF。注意，每个格点 SQG_res 剖面必须要归一化。③根据式（5.20）估计振幅，并根据式（5.17）重构三维密度/SH 场。

从密度到温盐的映射是非唯一的，即同一密度可对应无数种温盐配对。尽管如此，在状态方程是线性的假设下，存在一种根据密度形状映射温盐的直接投影方法（Pedlosky，1982）：$\delta T(z) = \delta T_s P(z) = \delta T_s \dfrac{\delta\rho(z)}{\delta\rho_s}$，其中 $\delta T(z)$ 和 δT_s（$\delta\rho(z)$ 和 $\delta\rho_s$）为温度异常（密度异常）剖面及其表层值，$P(z)$ 为密度异常剖面（$\delta\rho(z) = \delta\rho_s P(z)$）的形状，理论上为指数形式。由于温度在大多数海域支配密度变化，密度异常与温度异常的变化相近，该方法近似可行；然而盐度异常剖面并不与温度或密度一致，因此盐度投影可能会存在比较大的误差。更为严重的是，直接投影方法以海表密度异常为分母来拟合振幅，

鲁棒性可能很差。图 5.9 给出了选定的两个剖面的直接投影温盐反演的案例，所利用的数据集为 OFES 的模式输出，而用于反演温盐的是 SQG-mEOF-R 的重构密度。可以看到，图 5.9（c）和（f）中的密度重构仍较实际剖面有一定的差异，尤其是在跃层深度会有比较大的误差。如果海表的密度异常 $\delta\rho_s$ 非常小，则很可能会放大重构误差。图 5.9（c）中的 $\delta\rho_s$ 为 0.18 kg/m^3，此时图 5.9（a）和（b）的温盐反演较为合理。反演温度剖面非常接近真值，而反演盐度剖面则差异较为明显，正如前文分析的一样，密度剖面的形态并不完全适用于盐度投影。在图 5.9（f）中，$\delta\rho_s$ 非常接近于 0，这导致重构温度时的密度（盐度）异常被放大了 129.28（41.68）倍，直接导致异常值的量级高于平均值或均态，从而使图 5.9（d）和（e）中的温盐剖面呈现出与密度异常剖面完全一致的形状，且反演出的温盐在跃层处甚至能够在 50 ℃ 和 50 PSU 以上，远远偏离了真值。

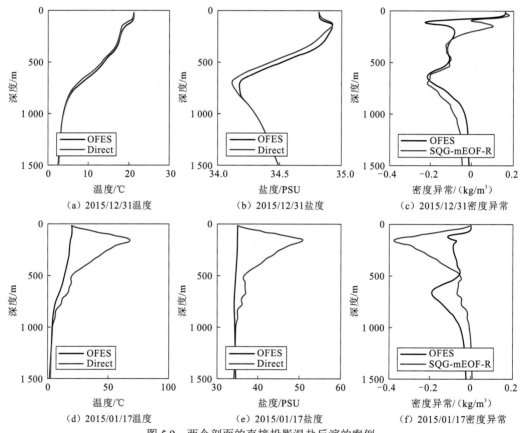

图 5.9　两个剖面的直接投影温盐反演的案例

OFES 为 OFES 的"真值"，Direct 为直接投影法的反演温度或盐度，

SQG-mEOF-R 为 SQG-mEOF-R 算法的密度重构值

综上所述，尚不存在一种能够稳健地将密度转化为温盐的合理算法，且基于 SQG 的动力-统计温盐重构技术并没有进行过深入的研究，而现有的 SQG 相关方法均局限于密度和流速，无法用来改善温盐重构。

本小节提出的 LS-mEOFs 算法能够基于密度剖面和海表温盐数据估算温盐剖面。LS-mEOFs 算法是一种密度同化工具，它集成了耦合温盐密的 mEOF 与最小二乘（least square，LS）拟合，从而实现从密度剖面反演温盐剖面。将 LS-mEOFs 和 SQG 相关算法的密度重构结合，可以进一步形成动力-统计温盐重构框架。

mEOFs 是提取耦合不同变量的经验模态的有效工具，其主要特点在于将多个变量耦合成一个总变量，经过时空分解后，这些变量可由统一的模态叠加表示，且享有相同的、与深度无关的振幅。这就意味着可以在不知道某个变量信息的条件下，通过其他变量的信息拟合出共享的振幅，从而得到未知变量的解。本小节采用 mEOF 的主要目的就是通过已知的密度信息拟合出与温盐共享的振幅，从而得到温盐的模态叠加解。

LS-mEOFs 算法旨在将密度作为参考来重构温盐，考虑密度重构不可能完全准确，在某些层可能存在较大误差，这些误差会被积分到这些层以上的 SH 数据中，从而导致大范围的 SH 数据存在问题。因此，采用耦合温度、盐度和密度的 mEOF 方法比传统的 mEOF 方法更具有鲁棒性。此外，传统 mEOF-R 的拟合方式很容易受海表误差的影响，可以不单独通过表层的拟合来确定振幅，而考虑所有深度的最小二乘拟合。

在获得密度重构剖面后，通过在最小二乘意义上的最小化代价函数 J 来确定振幅，如式（5.21）所示。能够这样拟合的关键在于振幅 a_k 与深度无关。温盐剖面的垂直结构不会被某些层的密度误差过度影响，因此温盐反演结果对密度的重构误差具有相当的鲁棒性。

$$
\begin{aligned}
J(a_1, a_2, \cdots, a_{K_c}) = w_{\mathrm{T}} \left(\hat{T}(0) - \sum_{k=1}^{K_c} a_k L_k(0) \right)^2 + w_{\mathrm{S}} \left(\hat{S}(0) - \sum_{k=1}^{K_c} a_k M_k(0) \right)^2 \\
+ \sum_{h=1}^{H} w_{\mathrm{H}} \left(\hat{\rho}(h) - \sum_{k=1}^{K_c} a_k N_k(h) \right)^2
\end{aligned}
\tag{5.21}
$$

式中：尽管理论上可以引入无数模态进行重构，实际上所选模态需要截断为 K_c 个。$W = [w_{\mathrm{T}}, w_{\mathrm{S}}, w_1, \cdots, w_{\mathrm{H}}]$ 为每一项的权重。可以通过调整权重来强调某些层次的表现。$h = 1, 2, \cdots$ 为模态的各个层。各个模态的振幅可根据 $\partial J / \partial a_q = 0$ 计算获得，其中 $q = 1, 2, \cdots, K_c$。

具体来说，通过求解方程 $B_{K_c \times K_c} A_{K_c \times 1} = C_{K_c \times 1}$ 即可得到振幅：

$$
\begin{cases}
A = (a_1, a_2, \cdots, a_{K_c})^{\mathrm{T}} \\
B(q, k) = w_{\mathrm{T}} L_q(0) L_k(0) + w_{\mathrm{S}} M_q(0) M_k(0) + \sum_{h=1}^{H} w_{\mathrm{H}} N_q(h) N_k(h) \\
C(q) = w_{\mathrm{T}} L_q(0) \hat{T}(0) + w_{\mathrm{S}} M_q(0) \hat{S}(0) + \sum_{h=1}^{H} w_{\mathrm{H}} N_q(h) \hat{\rho}(h)
\end{cases}
\tag{5.22}
$$

可根据海表温度、海表盐度、密度剖面，求出式（5.22）中的 A，从而可以通过式（5.21）反演温盐剖面。K_c 是一个重要参数，大多数情况下可以将 K_c 赋值为 1～3。此外，可以通过最大化重构温盐剖面与参考温盐剖面之间的相关系数（R）来做进一步优化：

$$
K_c^{\mathrm{best}} = \arg\max (R(T_{\mathrm{rec}}(K_c), T_{\mathrm{ref}}) + R(S_{\mathrm{rec}}(K_c), S_{\mathrm{ref}}))
\tag{5.23}
$$

式中：可以将参考温盐剖面（$T_{\mathrm{ref}}/S_{\mathrm{ref}}$）选定为与待重构剖面时空最近的剖面。注意，这里使用的是相关性而不是均方根误差（root mean square error，RMSE），因为参考剖面与实际剖面可能有相当大的偏差，但通常形状相似。

LS-mEOFs 算法可以与任何密度剖面结合来估计温盐剖面。LS-mEOFs 算法在每个网格上的实现流程具体如下。首先，基于式（5.21）的多元矩阵计算逐月的 mEOFs。通过式（5.23）可以根据输入的密度重构、海表温度和海表盐度得到 mEOFs 的振幅。然后，假设参考温盐剖面是可用的，利用式（5.23）选择一个最优的截断模态数 K_c。最后，基于式（5.22）利用振幅和 mEOFs 反演出温盐剖面。本小节将 SQG、isQG 和 SQG-mEOF-R 的密度重构输入 LS-mEOFs 算法中进行温盐反演。对于 t_0 时次某格点的剖面重构，将同一格点的 t_0-3 时次的剖面作为 T_{ref}/S_{ref} 剖面，由参考剖面可确定最优的 K_c 参数。

4. 人工智能重构方法

在人工智能引领的大数据时代，人工智能的方法在三维海洋资料重构中得到了广泛运用。人工智能方法在重构领域应用的数学本质与线性回归一致，均是建立表层-水下的（广义）回归关系，区别在于人工智能方法将线性方法更换为非线性的"黑箱"模型。在海洋资料重构领域，最初是自组织映射（self-organizing map，SOM）（Wu et al.，2012）这类简单的神经网络算法得到应用。随着机器学习的概念和算法进一步成熟，一些更为先进的机器学习方法得到成功应用，如支持向量机（support vector machine，SVM）（Su et al.，2015）、随机森林（RF）（Su et al.，2018）、极限梯度提升（extreme gradient boost，XGB）（Su et al.，2019）、广义回归神经网络（GRNN）（Bao et al.，2019b）、轻量化梯度提升机（light gradient boost machine，LightGBM）（Zhang et al.，2020）等。近年来，结构更为复杂的深度学习算法也在海洋资料重构的应用中取得了不错的反响，如长短时记忆（long-short term memory，LSTM）网络（Buongiorno，2020）等。

机器学习的算法模型种类繁多，本小节仅选择几种较为典型的模型进行简介。

1）随机森林

在机器学习领域的诸多算法中，以决策树（decision tree，DT）为基础的算法模型在多个领域中得到广泛的应用。随机森林（RF）算法通过 bagging 策略集成决策树的结果，是一种较为时兴的集成学习算法，在重构全球水下温度异常方面表现出鲁棒性（Su et al.，2018）。RF 算法"种下"多棵决策树，并集成这些树的结果（Huang et al.，2016）。RF 算法的超参数与这些树有关，其中最重要的是 n_estimators、max_depth、max_features、min_samples_split 和 min_samples_leaf。RF 可以基于 scikit-learn 工具箱（Pedregosa et al.，2011）进行。其中：n_estimators 为树的数量（默认值为 100）；max_depth 为树的最大深度；max_features 为搜索最佳分割时考虑的特征（或变量）的数量（默认值为 5）；min_samples_split 和 min_samples_leaf 分别为树的最小分裂和叶子数量（默认值为 2）。尽管 RF 算法有多个参数有待估计，而且 scikit-learn 工具箱提供了"GridSearchCV"模块以在所有参数组合中进行穷举搜索，然而所有参数构成的"参数矩阵"的维数很高，搜索全局最优参数集的计算代价往往非常大。此外，RF 算法的训练相当耗时，针对所有月份和所有深度调整所有参数通常并不实际，特别是在交叉验证的情况下。

2）广义回归神经网络

广义回归神经网络（GRNN）是 Specht（1991）提出的，它是径向基神经网络的一种。GRNN 具有很强的非线性映射能力、柔性网络结构，以及高度的容错性和鲁棒性，适用于解决非线性问题。GRNN 在逼近能力和学习速度上较传统径向基网络更具优势，网络最后收敛于样本量聚集较多的优化回归面，且在样本数据较少时，预测效果也较好，模型表现出良好的泛化性能。因此，GRNN 在信号过程、结构分析、能源、金融、生物工程等各个领域得到了广泛应用。

GRNN 主要由 4 层构成，分别为输入层、模式层、求和层和输出层。网络输入为 $X=[x_1,x_2,\cdots,x_n]^{\mathrm{T}}$，其输出为 $Y=[y_1,y_2,\cdots,y_n]^{\mathrm{T}}$，GRNN 的结构如图 5.10 所示。

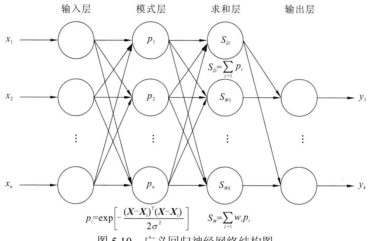

图 5.10　广义回归神经网络结构图

GRNN 的理论基础是非线性回归分析，非独立变量 Y 相对于独立变量 x 的回归分析实际上是计算具有最大概率值的 y。设随机变量 x 和随机变量 y 的联合概率密度函数为 $f(x,y)$，已知 x 的观测值为 X，则 y 相对于 Y 的回归，经化简可表示为

$$\hat{Y}(X) = \frac{\sum_{i=1}^{n} Y_i \exp\left[-\dfrac{(X-X_i)^{\mathrm{T}}(X-X_i)}{2\sigma^2}\right]}{\sum_{i=1}^{n} \exp\left[-\dfrac{(X-X_i)^{\mathrm{T}}(X-X_i)}{2\sigma^2}\right]} \tag{5.24}$$

式中：$\hat{Y}(X)$ 为输入为 X 的条件下，Y 的预测输出；σ 为高斯函数的宽度系数，在此称为光滑因子。相较于其他神经网络算法及其他机器学习方法（如随机森林），GRNN 只需要调节光滑因子这一个参数。当 σ 很大时，$\hat{Y}(X)$ 近似于所有样本因变量的均值，预测结果的误差较大。相反，当光滑因子 σ 趋向于 0 时，$\hat{Y}(X)$ 与训练样本非常接近，但网络的泛化能力差。因此，光滑因子决定了 GRNN 的预测准确度和泛化能力。许多研究者根据先验知识和个人经验来选择光滑因子，导致回归过程主观性过强。由于 GRNN 本身不含有自动调参的功能，本小节引入果蝇优化算法（fruit fly optimization algorithm，FOA）来自动确定 GRNN 的光滑因子值。

Pan（2012）提出的果蝇优化算法是根据果蝇觅食行为推演出来的全局寻优算法，

具有计算过程简单、程序代码简便等优点。如图 5.11 所示，果蝇优化算法是一种仿生算法，将目标函数作为"食物"，通过搜索和迭代的方式模拟果蝇种群的觅食过程，通过种群的演化得到最优解。

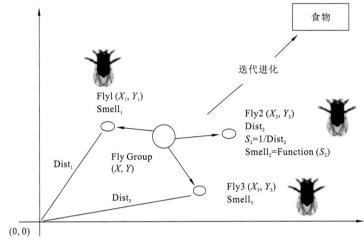

图 5.11　果蝇群体迭代搜索"食物"示意图

FOA 优化 GRNN 的思路是以反演值和目标值两者之间的均方根误差（RMSE）作为果蝇的"食物"，透过果蝇的嗅觉随机觅食，再透过视觉而聚群在香味最浓的位置，将 GRNN 的光滑因子参数值自动调整到最佳值（Bao et al.，2019b）。FOA-GRNN 网络参数优化流程图如图 5.12 所示。

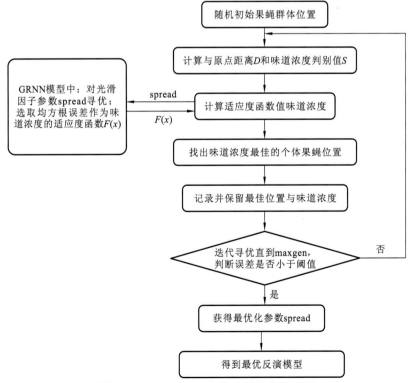

图 5.12　FOA-GRNN 网络参数优化流程图

（1）随机给出初始果蝇群体位置(X, Y)，并设置迭代次数 maxgen 和种群规模，本小节初始设置最大迭代次数为 100、种群规模为 10。

（2）随机设置果蝇个体飞行方向与距离。

（3）求出果蝇个体与原点间距离 $D_i^2 = X_i^2 + Y_i^2$ 和味道浓度判定值 $S = 1/D_i$。

（4）建立味道浓度判定函数，即适应度函数，将味道浓度判定值 S 代入其适应度函数以求出该果蝇个体位置的味道浓度，本小节利用 GRNN 预测模型的均方根误差作为味道浓度函数，即适应度函数。

（5）根据味道浓度值寻找极值，比较果蝇每代的味道浓度值，迭代保留最佳值位置与味道浓度，并且记录每代最优值。

（6）果蝇迭代寻优，重复执行步骤（2）～（5），判断味道浓度是否优于前一迭代味道浓度。

（7）判断是否达到迭代次数要求，得出最优光滑因子参数及最优的 GRNN 预测模型。

5.2.2　重构对比实验

1. 基于动力–统计方法的三维温盐密重构

1）研究数据和实验方案

选择涡旋分辨率的 OFES 模式输出数，通过观测系统模拟实验（observation system simulation experiment，OSSE）进行实验和验证。OFES 模拟是在 JAMSTEC 的支持下在地球模拟器上进行的（Masumoto et al.，2004）。本小节采用的模拟数据是由 NCEP 风力驱动下生成的一个空间为 0.1°、时间为 3 天的 T/S/SSH 数据集。

选择两个区域进行实验。第一个区域位于西北太平洋（30°N～38°N，150°E～158°E），是一个充满涡旋的活跃区域。该区域的大多数涡旋为表层强化涡旋，而次表层强化涡旋约占 10%（Xu et al.，2019）。第二个区域位于东南太平洋（16°S～24°S，96°W～104°W）。该区域拥有秘鲁—智利上升流系统，是研究次表层强化涡旋的典型区域（Zhang et al.，2017）。

选取 10 年（2006～2015 年）、1 218 个样本数据进行训练，利用 1 年（2016 年）、122 个样本数据进行验证。考虑大多数 Argo 剖面的深度无法真正达到 2 000 m，将用于计算比容高度（SH）和动力高度（dynamic height，DH）的参考层设置为 1 500 m。数据垂直插值到 10∶10∶1500 m（从 10 m 层开始，每隔 10 m 为一层，直到 1 500 m）的均匀层上。

在密度重构实验中，将 SQG-mEOF-R 的结果与 SQG、isQG 和 mEOF-R 的密度重构结果进行对比。通过 LS-mEOFs 插件，将 SQG、isQG 和 SQG-mEOF-R 的密度重构转化为温盐，并将其结果与多元线性回归、随机森林和广义回归神经网络的温盐回归重构结果进行对比分析。

2）动力-统计密度重构

在进行水下密度重构时，直接采用第一层（10 m）的密度作为海表边界条件。对于"海表高度"的输入，使用温盐场积分的海表动力高度和比容高度分别作为 isQG 和 mEOF-R 的表面高度输入。由于参考层的差异，isQG 和 mEOF-R 的海表高度输入并非直接来自 OFES 输出的海表高度。在现实环境中，由于各种原因，重构方法实施过程中的配置更加复杂，且海表输入不可能是真值，往往要通过回归等方法从卫星数据中获取。

OSSE 的结果将从模态（形状和方差贡献率）、密度剖面、均方根误差及相关系数等几个方面进行验证。

图 5.13 显示了两个选定格点处不同模态的形状及其可解释协方差的百分比（即方差贡献率），从模态分解的角度解释了采用 SQG-mEOF-R 而不是 isQG-mEOF-R 的原因。在西北太平洋（Northwest Pacific，NWP）的选定点，mEOF 1 和 SQG_res mEOF 1 的方差贡献率均占绝对支配比例（超过 99%）。相应地，mEOF 1 和 SQG_res mEOF 1 的形状彼此相似。SQG 的比容高度模呈现出与第一斜压模态（简称 F1）完全不同的形状，而 mEOF 1 和 SQG_res mEOF 1 则更接近 F1。对于东南太平洋（Southeast Pacific，SEP）的选定点，SQG 模与各统计模和 F1 模在 200～800 m 也有区别。这表明，SQG 模态是一种独特的模态，用 F1 模或统计模代替会存在问题，而统计模可近似反映第一斜压模。

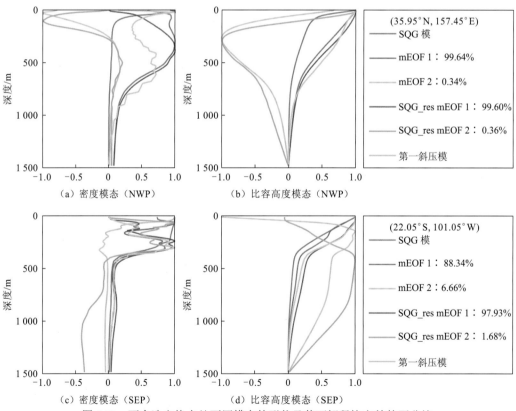

图 5.13　两个选定格点处不同模态的形状及其可解释协方差的百分比

SQG 模和第一斜压模根据 2016 年 8 月 27 日的资料计算获得；经典斜压模是流函数或动力高度的模态，
需要进行微分计算才能得到密度模态

在东南太平洋，mEOF 1 约占方差的 88%。去除 SQG 解后，SQG_res mEOF 1 的可解释协方差上升到约 98%。同时，SQG_res mEOF 1 的比容高度模与上层 300 m 处的 F1 模［图 5.13（d）］吻合良好。这说明 SQG-mEOF-R 有助于提高统计模态的代表性，且使其形状接近第一斜压模。

必须注意的是，F1 和所有 SQG_res 统计模在海表为 0，即 SQG_res 的 mEOF 模的密度信号在海表为 0。但是传统 mEOF 的表面密度不为 0，因此，mEOF-R 方法需要拟合海表密度，其风险在于降低 mEOF-R 重构的鲁棒性。在东南太平洋的选定点［图 5.13（c）］，上层的 SQG_res mEOF 1 和 F1 之间的相似性表明，所提出的方法在重构这些表层强化涡旋时与 isQG 类似。同时，SQG_res mEOF 1 在大约 800 m 处有一个弱峰，显示其重构水下强化涡旋的潜力。

从表 5.6 中方差贡献率的统计可以看出更多的信息。西北太平洋（东南太平洋）的 mEOF 1 模解释了 98.10%±1.89%（77.71%±9.33%）的协方差，最小解释率为 89.57%（47.86%）。对于 SQG_res mEOF 1 模，西北太平洋区域的统计模的协方差均值/标准差略有提高/降低，表明 SQG_res mEOF 1 具有很高的代表性。而东南太平洋区域的统计模的方差贡献率更集中，平均贡献率为 93.36%，相较于 mEOF 1 有非常显著的提升。对于最小的方差贡献率，mEOF 1 在西北太平洋区域已经低于 90%，而在东南太平洋区域更是低于 50%。而 SQG_res mEOF 1 在西北太平洋区域的最小方差贡献率仍有 93.78%，而东南太平洋区域的最小方差贡献率虽然也比较低，但其 58.54% 的方差贡献率相较于 mEOF 1 能够提升 10% 以上。需要注意的是，SQG_res mEOF 1 的方差贡献率是相对扣除 SQG 解之后的密度信号而言的。而在 SQG_res mEOF 1 叠加上 SQG 解以后，实际可以解释的信号会很高。可以预见，纯统计模态在东南太平洋区域的重构效果会相当差，而由于 SQG 动力模态的加入，动力统计方法有望取得较为突出的改进效果。

表 5.6　mEOF 1 和 SQG_res mEOF 1 的方差贡献率及其对应的统计量

统计量	区域	mEOF 1	SQG_res mEOF 1
Mean	西北太平洋	98.10%	99.01%
	东南太平洋	77.71%	93.36%
Min	西北太平洋	89.57%	93.78%
	东南太平洋	47.86%	58.54%
Max	西北太平洋	99.85%	99.85%
	东南太平洋	97.65%	99.63%
STD	西北太平洋	1.98%	0.84%
	东南太平洋	9.33%	6.27%

注：Mean 为均值，Min 为最小值，Max 为最大值，STD 为标准差

需要注意的是，东南太平洋区域中 SQG_res mEOF 1 的贡献率的最小值仍然比较小（58.54%）。因此进一步绘制该区域中方差贡献率的空间分布，如图 5.14 所示。在大多数

情况下，SQG_res mEOF 1 的方差贡献率可以达到 90%[图 5.14（b）]。低协方差主要位于区域的中心和东部，与 mEOF 1[图 5.14（a）]的极低协方差点吻合较好。即使在这种情况下，SQG_res mEOF 1 的方差贡献率也不低于 mEOF 1[图 5.14（c）]，在区域（16°S～17°S，101°W～101.5°W）和（22°S～23°S，97.25°W～97.75°W）的改善在 40%以上。结果表明，在大多数情况下，扣除 SQG 解后的信号主要由 SQG_res mEOF 1 支配。注意，SQG 解本身占据了中尺度变化的很大一部分。即使 SQG_res mEOF 1 不能支配扣除 SQG 解后的信号（如 16°S～17.5°S，96°W～97.5°W 的低中心），二者叠加后未能解释的变化占比仍会较低。

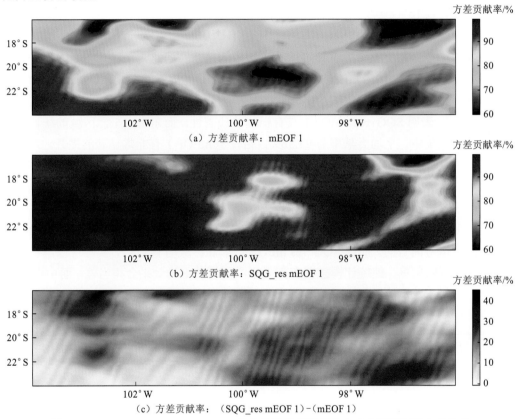

（a）方差贡献率：mEOF 1

（b）方差贡献率：SQG_res mEOF 1

（c）方差贡献率：（SQG_res mEOF 1）-（mEOF 1）

图 5.14　mEOF 1、SQG_res mEOF 1 的方差贡献率及其在东南太平洋海域中的差异

（c）图由 SQG_res mEOF 1 减去 mEOF 1 的方差贡献率计算得到

在 SQG_res mEOF 1 的解释性相当强的情况下，可放弃引入未必准确的底层 SQG_res 密度为 0 的假设，而仅引入一个统计模态，不必考虑不准确的 SQG 解约束的海底边界条件。

选择横贯所选两点的纬向密度断面来对比重构结果，如图 5.15 所示。正如预期的那样，东南太平洋[图 5.15（f）]中的结构要比西北太平洋[图 5.15（a）]复杂得多。西北太平洋的密度信号较强，主要集中在 600 m 以上；而东南太平洋的密度信号较弱，但可延伸至 1 500 m，在 98°W～102°W 的 600～1 500 m 存在明显的水下强化涡旋。两个区域的 SQG 重构都陷获在上层，与 OFES 的相似度很差[图 5.15（b）和（g）]。isQG[图 5.15（c）]、mEOF-R[图 5.15（d）]和 SQG-mEOF-R[图 5.15（e）]方法在重构西北太平洋中的表层强化涡旋中取得了较好的效果。

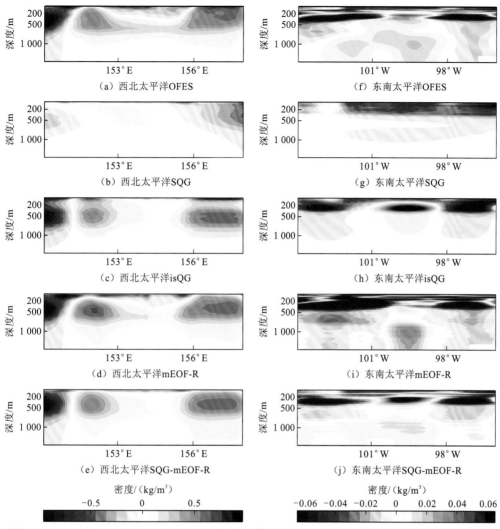

图 5.15　2016 年 8 月 27 日 35.95°N（西北太平洋）和 22.05°S（东南太平洋）的密度异常断面

图中的密度异常由去除 OFES 的低通滤波背景场计算获得

对于东南太平洋中的旋涡，isQG 重构［图 5.15（h）］一般能有效反演 500 m 以上涡旋的基本结构，但 isQG 解不能穿透到更深的地方去反映那些次表层强化的涡旋。mEOF-R［图 5.15（i）］和 SQG-mEOF-R［图 5.15（j）］方法在重构次表层强化的冷涡和 96°W～97°W，600～1 500 m 的"暖夹心"方面具有优势。102°W～103°W 涡旋呈现冷-暖-冷的三层（three-compartment）结构，与 Zhang 等（2017）的研究结果相似。对于这个三层结构，只有 SQG-mEOF-R 能够重构除 200 m 以上的浅层冷区和 800～1 500 m 的冷区，尽管强度仍被低估。

从图 5.15 的结果可以看出，SQG 解和 isQG 解存在一个天然的屏障。但在西北太平洋中，与东南太平洋相比，SQG 被陷获的深度要浅得多，可以将其归因于跃层的强度，这可以从图 5.16（a）的垂直密度梯度剖面中得到证实。由于密度跃层的梯度标准取决于剖面的形状，范围为 0.000 5～0.05 kg·m^{-3}/m（Brainerd et al.，1995），绘制了 0.01 kg·m^{-3}/m

的梯度作为两个区域的折中值，如图 5.16 所示。显然，东南太平洋和西北太平洋的剖面呈现出不同的形态。西北太平洋的垂直密度梯度非常大（超过 $0.05\ \mathrm{kg \cdot m^{-3}}/m$），但梯度聚集在上层 50 m，对应强而浅的跃层，这会对 SQG 模的向下穿透产生非常强的阻碍。同时，垂直梯度的形态符合典型的混合层–跃层–中深层的特征，表明该区域海洋的信号主要集中于上层，与表层强化涡旋相对应。而东南太平洋区域的跃层较弱，但深度可达 340 m。主要原因在于该区域的上升流可以促进上层的混合，减弱层结。此外，东南太平洋的剖面可观察到双跃层，这是与该区域普遍存在的水下强化涡旋或三层结构相对应的。

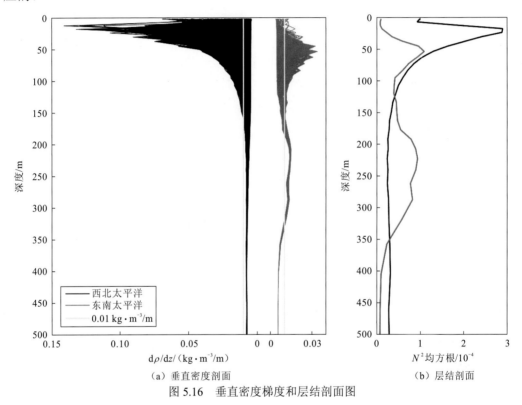

（a）垂直密度剖面   （b）层结剖面

图 5.16　垂直密度梯度和层结剖面图

图中绘制的为 2006 年 1 月 1 日至 2015 年 12 月 31 日每天的区域平均剖面

与密度剖面的形态相对应，图 5.16（b）中 N^2 的均方根剖面突出了两个区域层结的不同。西北太平洋中可以看到 50 m 以上的强层结，而东南太平洋中的层结较弱，但有两个峰值。相应地，西北太平洋/东南太平洋是表层强化涡旋 / 次表层强化涡旋的典型区域。结果表明，表层强化涡和次表层强化涡具有不同的层结状况，这对重构方法的鲁棒性提出了挑战。

由于跃层的阻碍，必须叠加第一斜压模（即 isQG）或统计模（即 SQG-mEOF-R）来改善跃层以下的重构效果。然而，isQG 和 SQG-mEOF-R 的性能仍然受到跃层的限制。

在西北太平洋的 $153°\mathrm{E} \sim 156°\mathrm{E}$（图 5.15），强而浅的跃层严重阻碍了 SQG 模的向下穿透。虽然 isQG 和 SQG-mEOF-R 可以重构次表层的冷位相，但它们的大部分信号均被陷获在非常浅的层中，从而低估了跃层以下的暖位相。

在东南太平洋中，跃层弱而深，因此 SQG 模更容易渗透到 300~400 m 深度。通过叠加第一斜压模，isQG 可以在 30~100 m 突破跃层，重构出 99°W~100°W 的冷暖位相。然而，isQG 不能重构两个以上的位相，并且在重构次表层强化的涡旋方面存在系统性缺陷（Assassi et al.，2016）。SQG-mEOF-R 通过叠加统计的 SQG_res 模，对 500 m 以下的旋涡重构效果更好，如冷-暖-冷三层结构。

对于每个格点的温盐剖面，计算其随深度变化的 RMSE 来定量验证结果。考虑重构性能因位置而异，图 5.17 显示了 2016 年西北太平洋和东南太平洋垂直平均 RMSE 的空间分布。由图可知，西北太平洋的 RMSE 幅值比东南太平洋大得多，这主要是因为西北太平洋是一个中尺度运动更强的区域。SQG［图 5.17（a）］的 RMSE 在 32°N~38°N 有一个明显的大值区，有几个中心 RMSE 大于 0.25 kg/m³。isQG［图 5.17（b）］和 SQG-mEOF-R［图 5.17（d）］RMSE 的大值区与 SQG 大致重合。然而，isQG 将最大值降低到约 0.1 kg/m³，SQG-mEOF-R 甚至消除了大多数大值中心。当 SQG 的 RMSE 为 0.15 kg/m³ 时，isQG 和 SQG-mEOF-R 将 RMSE 降低到小于 0.05 kg/m³。mEOF-R［图 5.17（c）］的 RMSE

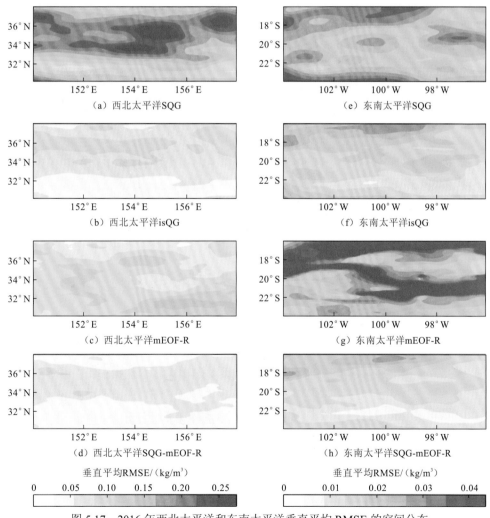

图 5.17　2016 年西北太平洋和东南太平洋垂直平均 RMSE 的空间分布

表现出与其他三种不同的形态。例如，mEOF-R 方法的 RMSE 在区域东南部较大，而其他三种方法的 RMSE 较小。在某些地方，mEOF-R 方法的验证结果可以与 isQG 和 SQG-mEOF-R 方法相媲美。然而，在大多数情况下，isQG 和 SQG-mEOF-R 方法的鲁棒性更强。

东南太平洋中 SQG、isQG 和 SQG-mEOF-R 方法的结果与西北太平洋相似。然而，mEOF-R 方法重构[图 5.17（g）]存在大范围的极大 RMSE。通过对比图 5.14（a）中低协方差的点，可以发现 mEOF 1 的低协方差是导致重构效果较差的部分原因。尽管如此，mEOF-R 方法在某些点上方差贡献率相当高，但 RMSE 仍然很大。另外，SQG-mEOF-R 方法[图 5.17（h）]保持了稳健的性能，几乎不受 SQG_res mEOF 1 的低协方差的影响。当 SQG_res mEOF 1 方法的方差贡献率小于 70%时（如 $16°S \sim 17.5°S, 96°W \sim 97.5°W$），该方法的验证结果仍可与 isQG 方法相媲美。

为做进一步比较，定义某种方法相对于 isQG 的改进百分比（improvement percent，IP），即（RMSE_isQG - RMSE_method）/RMSE_isQG。如图 5.18 所示，正 IP 表示相对于 isQG 的相对改善，负 IP 表示相对于 isQG 的相对降低。mEOF-R 方法在西北太平洋区域[图 5.18（a）]有一些地方优于 isQG 方法，其中一些可以达到 40%的改进。然而，在大多数情况下，mEOF-R 方法表现不佳。这种情况在东南太平洋区域[图 5.18（b）]情况

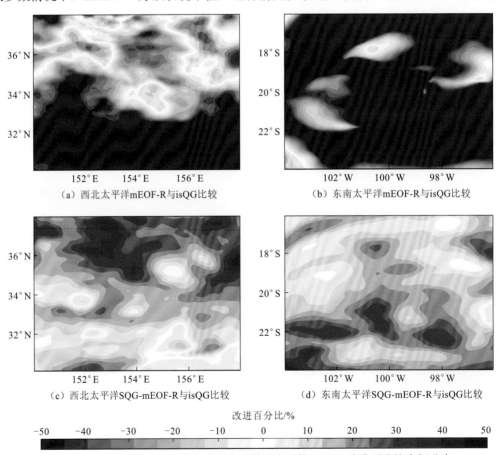

（a）西北太平洋mEOF-R与isQG比较 （b）东南太平洋mEOF-R与isQG比较

（c）西北太平洋SQG-mEOF-R与isQG比较 （d）东南太平洋SQG-mEOF-R与isQG比较

改进百分比/%

-50 -40 -30 -20 -10 0 10 20 30 40 50

图 5.18 2016 年西北太平洋和东南太平洋垂直平均 RMSE 改进百分比空间分布

更糟，只有在少数点 mEOF-R 方法的验证结果可以与 isQG 方法相媲美。与图 5.14 中方差贡献率相比，虽然协方差极高的点往往表现出较好的结果，但 mEOF-R 方法的性能并不能完全由协方差决定。

SQG-mEOF-R 方法在这两个区域都表现出一定的优势。尽管在一些区域 isQG 方法更有利，但 SQG-mEOF-R 方法的效果降低大约是 10%，最多是 20%；而在大量的点上，改进可以达到 30%以上。SQG-mEOF-R 方法在东南太平洋区域[图 5.20（d）] 则明显普遍比 isQG 方法更好，结合图 5.15 的结果，证明了该方法在富含水下强化涡旋的区域进行重构的鲁棒性。

不同方法的区域平均的垂向 RMSE 和相关系数如图 5.19 和表 5.7 所示。isQG、mEOF-R 和 SQG-mEOF-R 方法在西北太平洋共同深度为 50~100 m 处的 RMSE 最大 [图 5.19（a）]，与图 5.16 中密度梯度较大的深度一致。SQG 方法的最大 RMSE 位于 400 m 左右。如图 5.19 所示，强跃层将 SQG 解陷获在浅表层，并导致次表层 RMSE 的增大，使其平均 RMSE 为 0.168 kg/m^3。与 SQG 方法相比，mEOF-R 方法在 200 m 以上存在较大的 RMSE，平均为 0.096 kg/m^3，这表明仅用统计模态很难重构上层的剧烈变化。SQG-mEOF-R 方法作为动力模态和统计模态的结合，从表面到底部表现突出，RMSE 最低，平均为 0.056 kg/m^3。

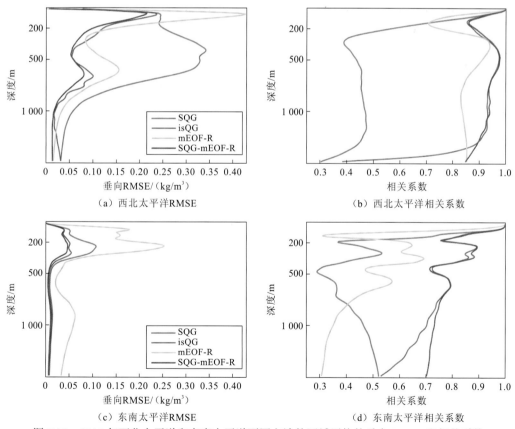

（a）西北太平洋RMSE　　　　　　（b）西北太平洋相关系数

（c）东南太平洋RMSE　　　　　　（d）东南太平洋相关系数

图 5.19　2016 年西北太平洋和东南太平洋不同方法的区域平均的垂向 RMSE 和相关系数

表 5.7　与图 5.19 对应，1 500 m 以上的各方法的各评价指标的平均值

指标	区域	SQG	isQG	mEOF-R	SQG-mEOF-R
RMSE/（kg/m^3）	西北太平洋	0.168	0.068	0.096	0.056
	东南太平洋	0.025	0.017	0.069	0.015
相关系数	西北太平洋	0.49	0.91	0.85	0.93
	东南太平洋	0.48	0.74	0.46	0.77

在东南太平洋，由于跃层较弱，SQG 方法的 RMSE 与 isQG 方法的 RMSE 差异较小。mEOF-R 方法在所有深度均呈现较大的 RMSE，表明仅使用统计模态（基于月气候态）无法有效重构次表层强化涡。相关曲线 [图 5.19（d）] 在 150～200 m 和 400～500 m 处有共同的双极小值，与图 5.16 中的双跃层对应。isQG 与 SQG-mEOF-R 方法的表现在 700 m 以上高度相似，但在 700 m 以下急剧下降，在底部的相关系数下降到 0.53。而 SQG-mEOF-R 方法保持了较高（大于 0.7）的相关系数，在重构次表层强化涡时显示出其优越性。

此外，SQG 方法重构在底层结果也证明了式（5.19）中的 SQG_res 密度假设是错误的，甚至会大幅降低重构结果。因此，在中尺度重构中，一般建议只采用 SQG_res mEOF 1 这一个统计模。

2. 动力-统计温盐重构

为与 SQG 相关方法重构密度所反演的温盐数据进行对比，采用多元线性回归（MLR）、果蝇优化的广义回归神经网络（FOA-GRNN）和随机森林（RF）三种回归算法直接从海表数据重构温盐场。利用 2.5 m 最浅层与 37 个不均匀 OFES 层之间的回归建立逐月回归模型。对每个变量（T 或 S）训练 37×12（层×月）个模型，输入的预测因子是经度、纬度、海表温度、海表盐度和海表的比容高度，输出变量是给定各层上的 T 或 S。例如，1 月有 80×80×38×103（经度×纬度×层×天）的 OFES 数据，因此第一层和第二层之间的温度回归模型是基于 659 200×5 的训练数据和 659 200×1（659 200＝80×80×103）的标签数据（即第二层的温度）进行训练的。每个预测因子都必须利用月平均值和标准差进行归一化。

不同于大多数基于回归的相关研究，本小节将地理信息引入温盐重构。根据 Bao 等（2019b）的研究结果，地理信息在提高水下重构性能方面起着至关重要的作用。经纬度在早期的资料重构工作中很少被考虑，而本小节所采用的回归模型实质上是更优的地理信息依赖模型。

FOA-GRNN 方法被证实是一种有效的非线性估计盐度剖面的方法。GRNN 的性能主要取决于一个单一的参数，即光滑因子。FOA 模拟果蝇的觅食行为，寻找 GRNN 的最佳光滑因子，从而使 FOA-GRNN 成为自优化的回归模型。本小节通过最小化五折交叉验证的 RMSE 来确定光滑因子。对于 T 或 S，对应 37×12（层×月）个模型，在 FOA-GRNN 中则自动产生 37×12 个最优参数。

考虑 MLR 和 FOA-GRNN 的性能能够与误差最大的跃层深度匹配,选择第13层(约108 m)对西北太平洋中的参数进行调优,选择第21层(约223 m)对东南太平洋中的参数进行调优。此外,采用1月、4月、7月和10月的参数近似为第一季度至第四季度的参数。例如,12月和2月的模型使用与1月相同的参数。基于十折交叉验证,调参过程具体如下。①调整50∶50∶300的 n_estimators,找出最佳的 n_estimators。结果表明,在四个季度和两个区域,更大的 n_estimators 可以提供更好的重构结果。然而,随着 n_estimators 变大,由 n_estimators 引起的改进变得微不足道。考虑计算成本,将 n_estimators 设为固定值300。②设置 n_estimators=300,调整{none,3∶2∶30}的 max_depth。注意,max_depth 将以指数方式增加模型的大小,从而显著增加计算时间。因此,将 max_depth 截断为15,这将使每个保存的模型大小<100 MB,但不会显著降低模型性能。以西北太平洋的温度回归模型为例,完全扩展的随机森林(max_depth=none)模型大小可达2~3 GB,而完全扩展模型的 RMSE 仅比截断模型低约 10^{-2} ℃。③设定 n_estimators=300 和 max_depth=15,从1∶1∶5中选择最佳 max_features。④由"GridSearchCV"模块从{none, 5, 10, 20, 30, 40, 50}中选取最佳 min_samples_leaf 和最佳 min_samples_split。结果表明,min_samples_leaf 和 min_samples_split 的默认值是所有参数中最好的。根据计算,n_estimators 是最重要的参数,而其他参数与默认参数相比并不能带来显著的改进。RF 的优化参数主要在 max_features 上有所不同,如表5.8所示。

表 5.8　西北太平洋和东南太平洋两个区域中 RF 模型最优的 max_features 参数

区域	第一季度	第二季度	第三季度	第四季度
西北太平洋	2	3	2	3
东南太平洋	2	3	2	2

水下密度动力-统计重构的结果表明,东南太平洋的密度重构可能更具挑战,但东南太平洋的温盐反演是否会比西北太平洋更加复杂尚不清楚。LS-mEOFs 算法的最佳 K_c(K_c_best)可以作为将密度信号转换为温盐复杂度的指标。K_c_best 越大,温盐反演中使用的 mEOFs 越多。对于每个月的温盐反演,均可计算 K_c_best 的百分比。例如,假设1 000个密度剖面中有100个由 K_c_best=1 转化,则 K_c_best=1 的百分比为10%。从图5.20中可以看出,K_c_best 集中在1~4,因为前几个 mEOFs 通常主导温盐变化。在西北太平洋区域,SQG 的 K_c_best 集中在1,表明 SQG 解一般只包含第一个 mEOF 的温盐变化。SQG 的 K_c=1 的百分比呈现出冷半年(11月~次年4月)百分比高、暖半年(3~10月)百分比低的季节性特征。这可以用 SQG 模对跃层的依赖来解释。在冷半年,跃层变弱但变深,SQG 模更容易穿透到海洋内部,从而能够解释更多的海洋变化信号。对于 isQG 方法[图5.20(b)]和 SQG-mEOF-R 方法[图5.20(c)],mEOF 2的重要性增加。在某些月份(如2月和11月),前两个 mEOF 比单个 mEOF 1的利用率更高。SQG、isQG、SQG-mEOF-R 方法之间的明显差异暗示了至少有2个 mEOF 对反演西北太平洋的温盐变化至关重要,而 SQG 解几乎不包含 mEOF 2的信号。在大多数情况下,前两个

mEOFs 已经足够解释西北太平洋的温盐变化。这意味着该区域的垂直结构较为简单，这是因为西北太平洋由表层强化涡旋所支配。

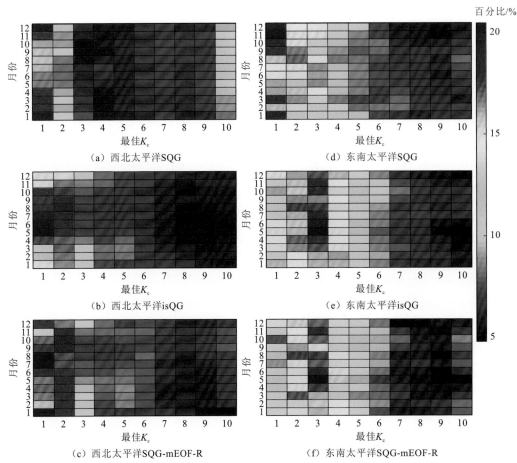

图 5.20　西北太平洋和东南太平洋中最佳 K_c 用于对应月份的温盐反演中的百分比

东南太平洋普遍存在次表层强化涡旋，因此需要更多的 mEOFs 来解释温盐的变化。SQG 和 isQG 方法之间的差异不像西北太平洋那么明显。东南太平洋的弱层化使 SQG 模更容易渗透到海洋内部。即使仅仅是 SQG 解也可以很好地拟合出前三个 mEOFs 的温盐信号。从图 5.20（e）和（f）可看出，单个 mEOF 1 很难解释 isQG 解和 SQG-mEOF-R 解的信号，它们往往要投影到前 3 个甚至前 5 个 mEOFs 上。基于最小二乘拟合，表层强化的密度信号同样可以投影到次表层强化的 mEOFs 上，这是因为次表层强化涡旋引起的密度差异只在某些层突出。

从水平形态的角度将基于 SQG 的温盐重构与回归重构效果进行比较。如图 5.21 所示，除 SQG 方法外，其余方法均成功地再现了温盐的基本形态（如西北太平洋海域西北角的从南到北的冷-暖/淡-咸偶极子），但 mEOF-R 方法对偶极子的冷/淡中心估计得明显偏高。在图 5.21（a）和（i）中间的暖/咸涡旋中，可以看到明显的 MLR 方法的高估，以及 FOA-GRNN 和 RF 方法的低估。mEOF-R、isQG 和 SQG-mEOF-R 方法对涡旋有较好的估计，但也存在一些细微的误差结构，特别是图 5.21（c）和（k）中东南部的暖而咸的涡旋和图 5.21（o）和（p）中的细微丝状结构。

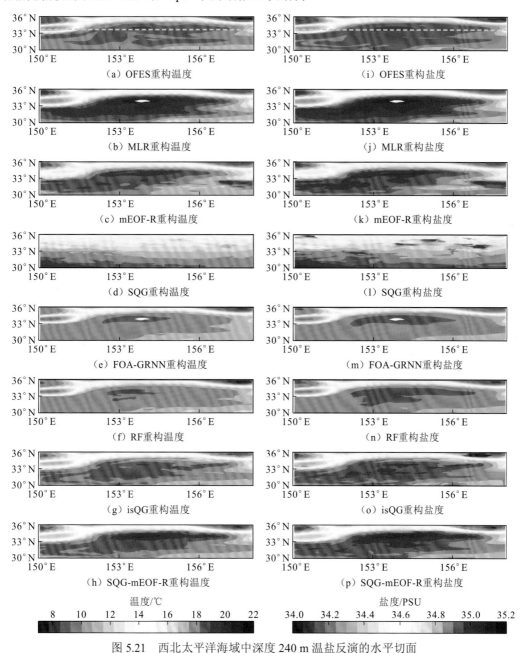

图 5.21 西北太平洋海域中深度 240 m 温盐反演的水平切面

（a）和（i）图中的浅蓝色虚线突出了图 5.21 中待分析的断面。该例的日期是 2016 年 8 月 27 日

SQG 重构场的形态更像是一个大尺度要素场，其中并未包含明显的涡旋结构，仅仅有一些类似于噪声的细微结构。这表明 SQG 模态携带的中尺度信号在 240 m 深度已经消耗殆尽。isQG 和 SQG-mEOF-R 方法之所以能够成功重构出跃层以下的涡旋结构，主要还是在于内部模态的贡献。因此，对整个水柱的状态估计，内部模态至关重要。

在东南太平洋中，可以看到基于 SQG 的重构与纯经验重构之间的显著差异。与西北太平洋不同，即使是 SQG 重构也成功地反映了基本的温盐形态，表明 SQG 解在东南太平洋区域仍有比较重要的贡献，这与图 5.22（d）中的显示一致。而 FOA-GRNN［图 5.22（e）和（m）］的重构则产生了范围内（100°W～103°W，21°S～24°S）的高温/高盐异常，以及由西南向东北的非物理性的分裂线。与 FOA-GRNN 方法类似，RF方法的盐度重构也在图 5.22（n）中呈现出虚假的非物理性结构。这表明，FOA-GRNN和 RF 方法的非线性不一定对应更好的重构性能，反而很有可能会带来额外的误差。相反，尽管 MLR 方法的性能不是所有算法中最好的，但其可以在两个区域呈现比较稳健的结果［图 5.22（b）和（j）］，相较于非线性算法能够更好地重构出水平温盐场的基本

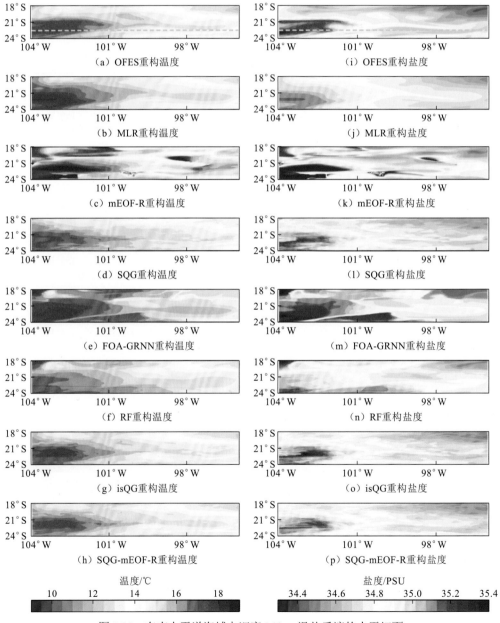

图 5.22　东南太平洋海域中深度 240 m 温盐反演的水平切面

形态。图 5.22（c）和（k）中非物理性的结构突出了 mEOF-R 方法仅通过海表数据确定振幅的固有风险。相比之下，LS-mEOFs 方法在利用 SQG 相关密度重构反演温盐方面令人满意。结果表明，基于 SQG 的动力-统计温盐反演框架在东南太平洋中展现出了优势。

图 5.21 和图 5.22 中选择了两个断面（即虚线对应的断面），以进一步评估不同算法在估算垂直结构时的性能。图中的异常场通过扣除 OFES 的二次曲面的低通滤波背景场获得，以突出涡旋结构。如图 5.23（a）和（i）所示，西北太平洋中的涡旋从海表延伸到次表层，最多呈现两个位相的简单垂向结构，这与表层强化涡旋的特征一致。除 SQG

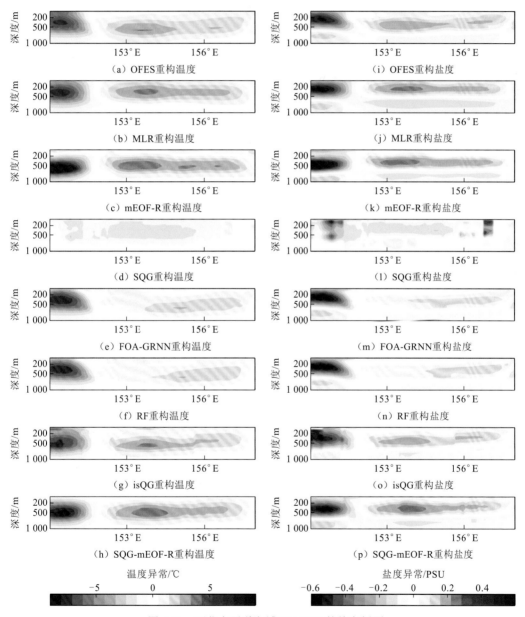

图 5.23　西北太平洋海域 33.75°N 的纬向剖面

图中的异常通过减去 OFES 的低通滤波背景场计算获得。该例的日期是 2016 年 8 月 27 日

方法外，所有方法都成功地重构了温盐断面的基本形态，但在涡旋中心位置和强度的估计上略有差别。MLR、mEOF-R、isQG 和 SQG-mEOF-R 方法再现了图 5.23（a）和（i）中位于 154°E、500 m 的高温高盐中心，但 FOA-GRNN 和 RF 方法低估了它，甚至完全没有反映出中心结构。这两种方法并没有表现出良好的重构能力，即便在训练时投入了大量时间和运算资源。在图 5.23（i）中，盐度在 600 m 以下呈现出相反的位相，盐度分布形态不再与温度类似。154°E～158°E 的淡水位相可以很好地通过 FOA-GRNN 和 RF 方法反演得到，但被其他方法高估了。这两种方法在重构 600 m 以下的盐度时表现较好，但它们重构的盐度强度与其他算法实质性差异并不大，相较于 isQG 和 SQG-mEOF-R 方法，仅在个别地方才能体现出一定的优势。

在东南太平洋区域，主要关注两个典型结构。一个结构是 96°W～98°W 的暖-冷-暖（咸-淡-咸）夹层结构[图 5.24（a）和（i）右侧]。在这种复杂结构的重构中，三种基于 SQG 的重构方法优于两种机器学习方法和两种线性统计方法。纯统计方法在 200 m 以上呈现了扭曲结构，在 300 m 左右高估了温盐值。此外，4 种纯经验方法在 100 m 以上的温度重构中产生了奇怪的冷水盖。另一个结构是从海表延伸到 800 m[图 5.24（a）和（i）中间部分]的 99°W～100°W 冷而淡的结构，这种结构已经通过 isQG 方法[图 5.24（g）和（o）]和 SQG-mEOF-R 方法[图 5.24（h）和（p）]重构得到了很好的再现。MLR 方法重构未能成功反演 500 m 以下的延伸结构[图 5.24（b）]，而 mEOF-R 方法高估了 500 m 以上的冷位相，并在 500 m 以下呈现错位的暖位相[图 5.24（c）]。FOA-GRNN 和 RF 方法甚至在 200～350 m 处产生了异常强的温盐中心。

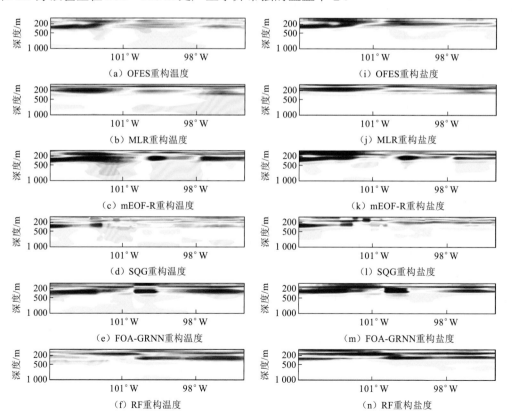

（a）OFES重构温度　　　　　　　　　　　　（i）OFES重构盐度

（b）MLR重构温度　　　　　　　　　　　　　（j）MLR重构盐度

（c）mEOF-R重构温度　　　　　　　　　　　（k）mEOF-R重构盐度

（d）SQG重构温度　　　　　　　　　　　　　（l）SQG重构盐度

（e）FOA-GRNN重构温度　　　　　　　　　　（m）FOA-GRNN重构盐度

（f）RF重构温度　　　　　　　　　　　　　　（n）RF重构盐度

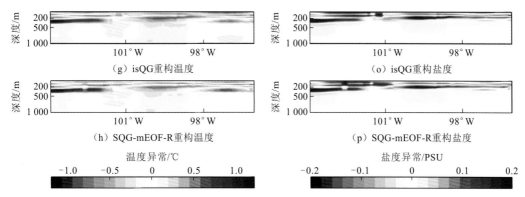

（g）isQG重构温度 　　　　　　　　　　　　　　（o）isQG重构盐度

（h）SQG-mEOF-R重构温度 　　　　　　　　　（p）SQG-mEOF-R重构盐度

温度异常/℃ 　　　　　　　　　　　　　　　　盐度异常/PSU

图 5.24　东南太平洋海域 22.55°S 的纬向剖面

　　此外，LS-mEOFs 方法能够利用 SQG 相关密度重构有效反演水下结构复杂的东南太平洋海域的温盐结构。一方面，该区域较弱的密度跃层有利于 SQG 的向下穿透，使 SQG 方法更适用于该区域的密度重构。另一方面，最小二乘的设计使 SQG 解和 isQG 解能够投影到多个 mEOFs 上（图 5.24），从而规避了 SQG 和 isQG 方法在重构次表层强化涡旋方面的固有缺陷。

　　基于 RMSE 和相关系数对温盐重构进行定量验证，并计算 1 500 m 以上的量化指标的平均。在西北太平洋中，除 SQG 方法的糟糕结果外，其他方法的重构均呈现出相似的 RMSE 和相关系数曲线（图 5.25）。图 5.25（a）中，在 300 m 以上，FOA-GRNN 和 RF 方法的 RMSE 略好于 isQG 和 SQG-mEOF-R 方法，而在 400~700 m，RF 方法的 RMSE 比 FOA-GRNN、isQG 和 SQG-mEOF-R 方法的 RMSE 大约 0.15 ℃。FOA-GRNN 方法在所有深度均呈现最低的 RMSE，深度平均温度 RMSE 仅为 0.302 ℃。但是在图 5.25（b）中，FOA-GRNN 方法的相关性不如其他算法（SQG 方法除外），但深度平均相关系数还维持高于 0.9。在 300 m 以上，RF 方法的相关性优于其他方法，但在 >700 m 时，相关性较差。将相关系数结果与 RMSE 结果进行对比，可发现两种机器学习方法的更低 RMSE 并不一定对应更高的相关系数。这表明，RF 和 FOA-GRNN 方法都存在过拟合的问题，尽管两种方法的最低相关系数仍高于 0.9。相反，MLR 方法也能呈现较稳健的结果。总体而言，isQG、SQG-mEOF-R、RF、FOA-GRNN 和 MLR 方法都是西北太平洋海域温度重构中较适用的方法。

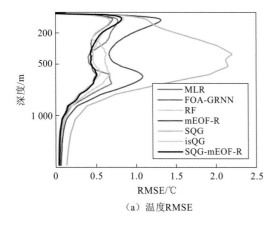

（a）温度RMSE

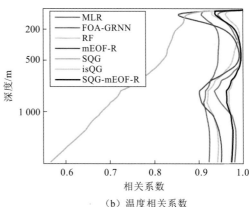

（b）温度相关系数

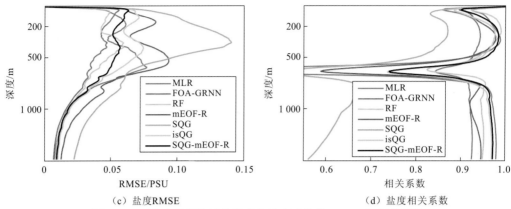

（c）盐度RMSE

（d）盐度相关系数

图 5.25　西北太平洋海域的温度和盐度重构的 RMSE 和相关系数

图中绘制的统计量是 2016 年全年的区域平均值

对于盐度重构，两种机器学习方法在 800 m 以上优于其他方法。特别是在 600～700 m 处，两种机器学习方法的最小相关系数显著高于其他方法。isQG 和 SQG-mEOF-R 方法的相关系数急剧下降到 0.75，而 MLR 和 mEOF-R 方法的相关系数分别急剧地下降到小于 0.55 和 0.6。机器学习方法在提取水下盐度方面表现优秀，但在 800 m 以下深度的低相关性，使其在整个深度的相关性与 SQG-mEOF-R 及 isQG 方法差不多（表 5.9）。

表 5.9　西北太平洋海域深度 1 500 m 以上的各方法评价指标的平均值

指标	变量	MLR	FOA-GRNN	RF	mEOF-R	SQG	isQG	SQG-mEOF-R
RMSE	温度/℃	0.359	0.302	0.359	0.549	0.983	0.329	0.319
	盐度/PSU	0.038	0.028	0.030	0.050	0.067	0.040	0.035
相关系数	温度	0.97	0.93	0.95	0.94	0.74	0.98	0.98
	盐度	0.92	0.92	0.95	0.91	0.70	0.94	0.95

在东南太平洋区域，温盐重构更具挑战性。温度重构的相关系数很难达到 0.9，盐度重构的最大 RMSE 大于 0.1 PSU。两种机器学习方法在温度重构和盐度重构中都没有表现出各自的优势，FOA-GRNN 方法的深度平均温度（盐度）重构的 RMSE 为 0.208 ℃（0.028 PSU），而 RF 方法的深度平均温度（盐度）重构的 RMSE 为 0.184 ℃（0.025 PSU）。SQG 和 MLR 方法温盐重构的 RMSE 与 FOA-GRNN 和 RF 方法的 RMSE 相当，甚至略好于 FOA-GRNN 和 RF 方法。温度重构相关曲线［图 5.26（b）］有多个峰值，对应东南太平洋中普遍存在的次表层强化涡，FOA-GRNN、RF、MLR 和 SQG 方法在 100～200 m 时相关系数下降到小于 0.7。在 400～700 m，FOA-GRNN 和 SQG 方法的相关系数甚至降低到约 0.6。对于盐度重构，FOA-GRNN 和 RF 方法在东南太平洋不如在西北太平洋那么适用。这两种机器学习方法的相关系数在 500 m 以上甚至低于 SQG 方法重构的相关系数，整个深度平均的相关系数也仅仅与 SQG 方法相持平（表 5.10）。在 300 m 处，FOA-GRNN 和 RF 方法的最小相关系数小于 0.65，而 isQG 和 SQG-mEOF-R 方法的最小相关系数可达 0.8。mEOF-R 方法在东南太平洋中温盐重构表现得非常差，进一步突出了

其仅根据海表数据拟合振幅的缺点。LS-mEOFs + SQG-mEOF-R 方法和 LS-mEOFs + isQG 方法在各深度的温盐反演上优于其他所有方法,前者的表现略优于后者,其在表 5.10 中的 RMSE 最低且相关系数最高,相较于机器学习方法可以更有效地提升东南太平洋海域的温盐重构效果。

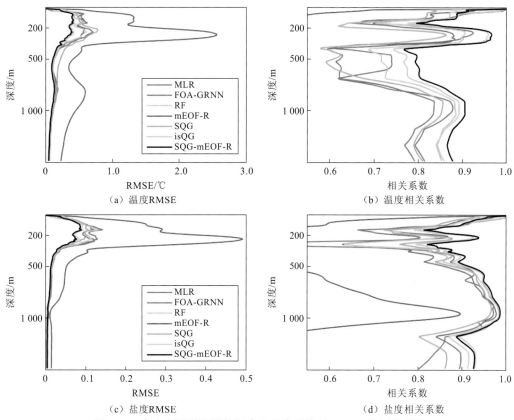

图 5.26　东南太平洋海域的温度和盐度重构的 RMSE 和相关系数

图中绘制的统计量是 2016 年全年的区域平均值

表 5.10　东南太平洋海域深度 1 500 m 以上的各方法评价指标的平均值

指标	变量	MLR	FOA-GRNN	RF	mEOF-R	SQG	isQG	SQG-mEOF-R
RMSE	温度/℃	0.201	0.208	0.184	0.678	0.237	0.162	0.152
	盐度/PSU	0.027	0.028	0.025	0.088	0.026	0.022	0.021
相关系数	温度	0.80	0.76	0.83	0.40	0.76	0.85	0.87
	盐度	0.88	0.89	0.91	0.58	0.88	0.92	0.93

本小节提出的动力-统计方法是动力的 SQG 模态和统计的 mEOF 模态的有益结合。然而必须指出,动力-统计方法在应用于现场剖面和卫星观测时更加复杂。①低通滤波逐日变化的背景场在现实中是不存在的,如果简单地使用气候态数据集作为代替,计算的海表密度和高度异常会有较大的偏差,这些偏差会通过 SQG 模和第一斜压模投射到次表层,引起较大的误差。②海表的动力高度和比容高度是无法直接获得的,因此需要统计

遥感绝对动力地形（absolute dynamic topography，ADT）与动力高度、比容高度之间的回归关系间接计算获得。③遥感海表温度和海表盐度与现场观测的剖面的近海表温盐存在固有差异，更不用说遥感数据本身具有较大的不确定性，这将导致 SQG_res 密度在海表无法严格为 0，必须对其进行校正。④必须充分考虑数据集中的误差，并进行仔细的质量控制和去噪。

3. 基于广义回归神经网络的三维盐度场智能重构

1）实验设计

将 2014～2016 年月平均网格化的卫星海表盐度（SSS）、卫星海表温度（SST）、卫星遥感海平面异常（SLA）和经度（Lon）和纬度（Lat）作为海表要素的输入，以 FOA-GRNN 为重构模型得到三维盐度场，并与实测格点盐度场进行对比。三维盐度场反演流程如图 5.27 所示。

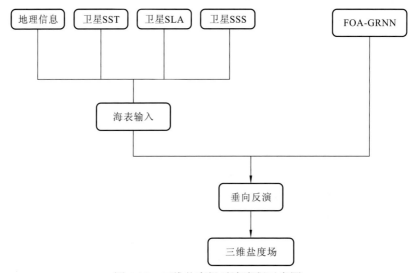

图 5.27　三维盐度场反演流程示意图

海表盐度数据主要采用三种海表盐度卫星产品，分别来自 SMOS 卫星和 Aquarius 卫星。其中 SMOS 卫星的盐度产品分别为法国 CATDS 中心最新发布的 SMOS CATDS CES LOCEAN_v2013 产品（本章简称 SMOS Locean）和西班牙巴塞罗那专家中心发布的 SMOS BEC L4 产品。两种产品的空间分辨率均为 0.25°×0.25°，时间分辨率为逐月平均。Aquarius 卫星产品为美国国家航空航天局喷气动力实验室发布的 Aquarius V3.0 CAP L3 盐度产品（本章简称 Aquarius CAP），其空间分辨率为 1°×1°，时间分辨率为逐月平均。

实验采用来自 Reynolds OISST v2.1 数据集的海表温度（SST）。它主要通过最优插值（OI）融合卫星和现场观测的温度数据。本小节使用的是 AVHRR-only 的逐月数据，其空间分辨率为 0.25°。

实验采用延时质量控制的 L4 0.25°海平面异常（SLA）数据产品，其是数据统一和高度计组合系统（data unification altimeter combination system，DUACS）结合多平台观测制作的海表高度逐月客观分析产品。该产品由哥白尼 CMEM 发布（ID：SEALEVEL_ GLO_PHY_CLIMATE_L4_REP_OBSERVATIONS_008_057）。

三维格点盐度场来自 EN4.11 分析场数据，它是将经过质量控制的 EN4.11 剖面数据通过客观分析得到（Good et al., 2013），空间分辨率为 1°×1°，时间分辨率为逐月平均。2014 年的各月分析场用于卫星遥感盐度反演场的对比。

2）重构盐度场误差分析与质量评估

由于各月反演盐度场的情况基本类似，选用 2014 年 1 月的数据代表各卫星产品反演盐度的基本情况。图 5.28 所示为热带太平洋 2014 年 1 月的实测（in situ）网格盐度（最上面一行）和各卫星产品反演盐度场（从上到下分别为 SMOS Locean、SOMS BEC、Aquarius CAP，从左到右对应深度分别为 0 m、100 m、500 m）。由图可知，各层、各卫星产品反演的盐度场在刻画大尺度盐度特征上与实测盐度场均吻合良好，如在海洋表层位于赤道淡池东缘的盐度锋区，在 100 m 深度位于东南热带太平洋的高盐区及位于东北热带太平洋的低盐区。这表明 FOA-GRNN 方法能够较好地反演盐度场，合理地刻画各层盐度场的基本特征。

由图 5.28 可见，Aquarius CAP 产品的表现最好，能够抓住一些细节特征，如在 100 m 层位于赤道北部的低盐中心和在 500 m 层热带太平洋北部，由东北向西南延伸的淡舌结构。而其他两个 SMOS 卫星遥感盐度产品在这些细节特征刻画上表现得较差。

图 5.29 所示为不同类型的海表输入情况下反演盐度均方根误差随深度的变化。由图可知，当海表盐度为卫星网格数据时，由于卫星盐度数据相对实测数据存在误差，其反演的盐度剖面均方根误差大于以纯实测数据作为输入数据反演得到的盐度剖面，尤其在海洋上层。三种卫星遥感盐度产品中，Aquarius CAP 产品表现最好，SMOS BEC 产品次之。在海洋上层，与 WOA13 气候态数据相比，Aquarius CAP 产品反演得到的盐度剖面有效改善了盐度估计，而 SMOS 卫星产品的改善效果不佳，这可能与它们在热带太平洋产品的误差结构有关。三种卫星遥感盐度产品在热带太平洋的均方根误差时间序列如图 5.30 所示。Aquarius CAP 产品在热带太平洋与实测数据的均方根误差最小，为 0.23 PSU；SMOS BEC 产品的均方根误差为 0.36 PSU；SMOS Locean 产品的均方根误差为 0.54 PSU。这表明盐度卫星产品的误差越小，其作为输入时的重构盐度剖面精度越高。

为了评估海表盐度卫星产品在盐度反演中的作用，将卫星盐度网格数据线性插值到 2014 年剖面位置，替代实测剖面海表盐度值，其他海表输入值不变。对于盐度反演，主要的误差可能来源于海表盐度值或反演方法误差。将基于现场实测海表盐度反演的误差视为反演方法误差，将利用海表盐度卫星产品作为海表输入值反演误差与反演方法误差之差视为海表盐度不准确引起的误差。图 5.31 所示为热带太平洋海域两类误差随深度的变化，卫星海表盐度数据来源于 SMOS BEC 产品。反演方法的误差曲线和由海表盐度不准确引起的误差曲线基本呈反向分布。在混合层，以海表盐度不准确引起的误差为主，反演方法误差很小，随着深度的增加，以海表盐度不准确引起的误差迅速减小，反演误差逐渐增大，到跃层处达到最大值，此时以反演方法误差为主，而后开始减小。在海洋下层，两类误差都很小，以反演误差为主。

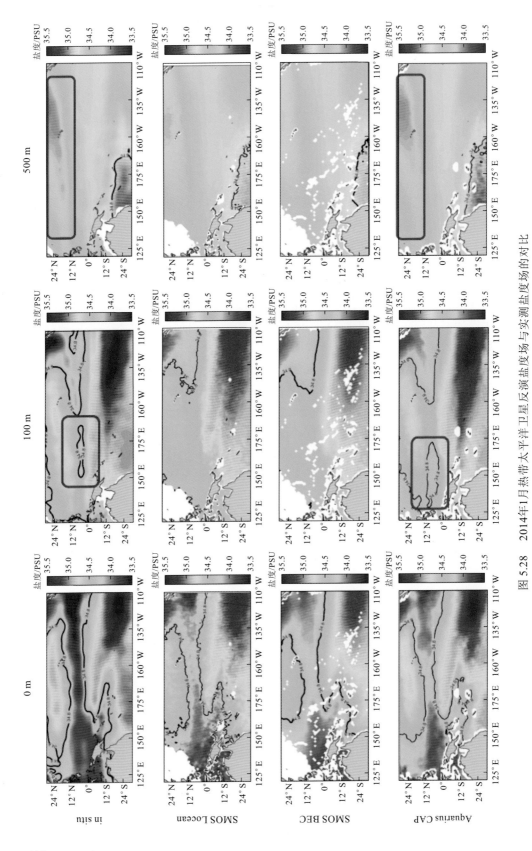

图 5.28 2014年1月热带太平洋卫星反演盐度场与实测盐度场的对比

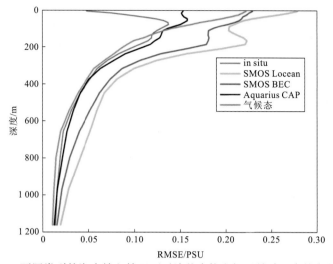

图 5.29　不同类型的海表输入情况下反演盐度均方根误差随深度的变化曲线

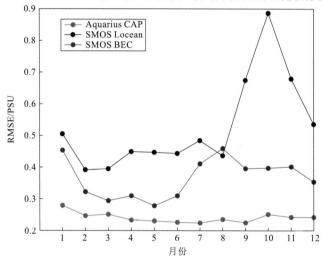

图 5.30　三种卫星遥感盐度产品在热带太平洋的均方根误差时间序列

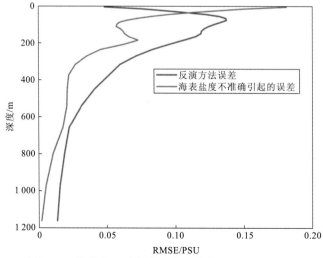

图 5.31　热带太平洋海域两类误差随深度的变化曲线

3）反演三维盐度场对海洋现象的刻画

除了从误差的角度对重构盐度进行对比，还可选取盐度锋作为典型的现象对重构场进行对比。热带太平洋淡水池东缘将西部的暖淡水和东部的冷盐水分开，长期存在非常明显的盐度锋区，盐度梯度较大，适合作为反演三维盐度场刻画海洋现象能力的检验对象。

图 5.32 所示为 2014 年 1 月热带西太平洋盐度场。在海表，三种卫星遥感盐度产品均很好地体现了海表盐度的梯度变化，其中 34.8 PSU 等值线清晰显示了西太平洋的盐度锋。同实际观测的海表盐度场相比，SMOS Locean 产品有着密集的小尺度结构，SMOS BEC 产品相比其他产品的盐度场值偏小，且小尺度特征明显减少。总体来说，三种反演盐度场产品表现出较为一致的光滑形态，均表现为盐度从南到北逐渐减少，与实测盐度场较为吻合。其中，SMOS Locean 产品仍有着一些小尺度结构。SMOS BEC 产品由于海表盐度显著变薄的特征，在 100 m 处反演的盐度场低于其他产品盐度场。Aquarius CAP 产品反演的盐度场中，盐度的纬向分布状态与实测盐度场最为接近，且均在东北角存在低盐中心。

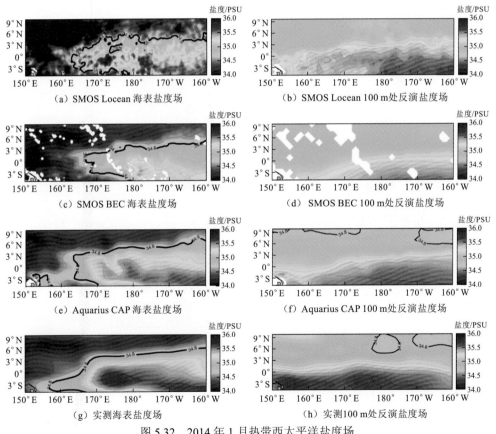

图 5.32　2014 年 1 月热带西太平洋盐度场

黑实线为 34.8 PSU 等值线

为了对这些海表盐度产品能有效分辨的空间尺度进行定量分析，分别对它们反演的三维盐度场进行波数谱分析。在热带西太平洋，对 2014 年每个月的 100 m 处盐度场、沿每个纬度的所有格点进行波数谱分析,然后将所有单独的谱对所有纬度和 12 个月份进行平均,得到最后的纬向波数谱。由图 5.33 可知,在小于 500 km 的波长范围,SMOS Locean 产品反演的盐度场谱能量比其他的产品和实测场都高得多,结合前面分析中 SMOS Locean 产品相对嘈杂的外观和较多噪声,可知其反演的盐度场也充满了小尺度的噪声,有效分辨率较差。反观 SMOS BEC 产品反演的盐度场谱能量相对较小,但这可能是由于 BEC-L4 产品采用了奇异值分析,平滑了海表盐度场,使盐度异常振幅减少,但是也削弱了中小尺度上的盐度信号。虽然 SMOS BEC 产品反演的盐度场谱能量低,但不能由此说明其有效分辨的空间尺度更精细。

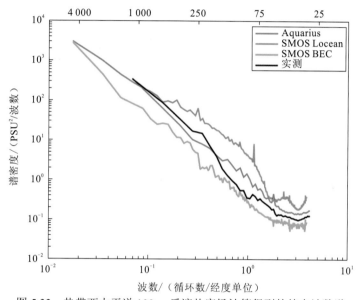

图 5.33　热带西太平洋 100 m 反演盐度场计算得到的纬向波数谱

Aquarius CAP 产品在海表与实测的均方根误差较小,且反演盐度场的谱随纬向波数衰减的程度和谱能量均与实测场较为吻合,由此可推断其大部分能量与中尺度物理现象相关,能较好地刻画盐度锋。

厄尔尼诺是热带太平洋东部和中部海水温度持续异常的变暖现象。厄尔尼诺现象使全球气候系统发生剧烈变化,对气温、降水分布和台风频率等具有显著影响。目前大部分研究集中于用海表温度去刻画厄尔尼诺现象的演变特征。众所周知,2015 年和 2016 年厄尔尼诺事件持续时间长、强度大,给全球多地带来不同程度的极端天气影响。为了检验反演盐度场产品刻画海洋现象的能力,使用 2014~2016 年最新发布 SMOS 海表盐度卫星产品来反演三维盐度场。

由图 5.34 可知,从 Nino3.4 指数演变来看,2015/2016 年的厄尔尼诺事件始于 2014 年 10 月,2014/2015 冬季为发展停滞期,2015 年 4 月之后开始快速发展,于 2015 年 12 月达到顶峰,峰值约 2.5 ℃,之后进入衰减期,并于 2016 年 5 月结束。

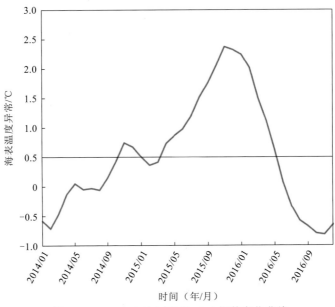

图 5.34　2014～2016 年 Nino3.4 指数变化曲线

从赤道太平洋海表温度距平演变情况（图 5.35）来看，2014 年 6 月中旬，赤道中东太平洋海表温度已表现出厄尔尼诺的海温分布特征。赤道中东太平洋存在两个异常暖中心，两中心之间海表温度较为正常。2014 年 7～9 月，赤道中东太平洋的暖中心减弱，且影响范围变小，两中心之间正常海表温度范围变大，使 Nino3.4 指数未能达到厄尔尼诺标准。2014 年 10 月～2015 年 4 月，赤道中东太平洋暖海表温度区有所发展，异常暖海表温度主要位于中太平洋。赤道东太平洋基本保持中性，甚至在 2015 年 1～2 月出现海表温度负距平。总体来说，该次的海表温度变暖偏弱，厄尔尼诺现象发展缓慢。但是从 2015 年

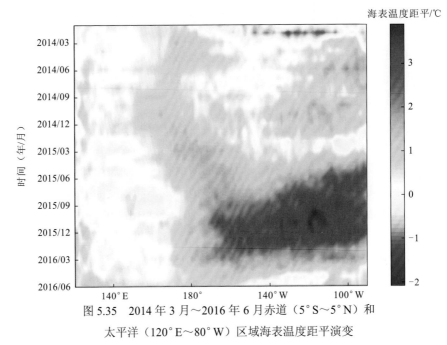

图 5.35　2014 年 3 月～2016 年 6 月赤道（5°S～5°N）和
太平洋（120°E～80°W）区域海表温度距平演变

5 月开始，赤道中东太平洋的异常暖海表温度迅速发展，异常暖中心从赤道太平洋中部移动到东部，异常暖中心振幅不断增大，到 2015 年 12 月达到顶峰，中心强度超过 3℃，呈典型东部型厄尔尼诺现象。而后异常暖中心逐渐衰减，至 2016 年 5 月这次厄尔尼诺现象结束。

从赤道太平洋海表盐度距平也能观察到这次厄尔尼诺的演变特征（图 5.36）。2014 年 3 月赤道太平洋中部出现异常低盐中心分布，随后几个月，异常低盐中心强度减弱。从 2015 年 3 月开始，赤道中太平洋的异常低盐中心开始迅速发展，且向东扩展，总体处于日界线附近。2015 年 9 月开始，赤道西太平洋出现异常高盐分布。2015 年 12 月，异常低盐中心达到峰值，与赤道东太平洋海表温度异常演变关联对应良好。

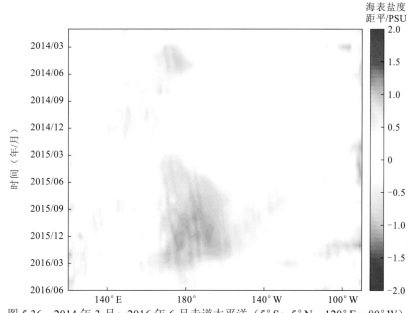

图 5.36　2014 年 3 月～2016 年 6 月赤道太平洋（5°S～5°N；120°E～80°W）
海表盐度距平演变

综上所述，这次厄尔尼诺事件从 2014 年 4 月开始，主要在赤道太平洋中部发展，呈现中部型厄尔尼诺现象特征，但强度小、发展缓慢。从 2015 年 3 月开始，赤道太平洋中部海区的海表温度异常增暖且发展迅速，暖中心从赤道中太平洋向东太平洋传播，演变成东部型厄尔尼诺，并于 2015 年 12 月达到峰值。随后逐渐衰弱，2016 年 5 月这次厄尔尼诺现象结束。

由图 5.37 可知，2015/2016 年厄尔尼诺事件的演变过程与赤道太平洋海表温度的异常变暖传播有关联。2014 年 2～5 月，赤道中太平洋次表层出现异常暖水的向东传播，赤道中东太平洋出现海表温度异常变暖[图 5.37（b）]。2014 年 6 月开始，赤道中太平洋次表层主要为异常冷水控制[图 5.37（c）]，并向东传播，削弱了赤道东太平洋的海表温度变暖，使厄尔尼诺发展停滞。自 2015 年 2 月开始，赤道中太平洋次表层不断有异常暖水向东传播，并向上涌升，从而使厄尔尼诺现象得到快速发展，并于 2015 年 12 月达到峰值。随后，赤道中西太平洋次表层的冷水异常向东传播，致使厄尔尼诺现象出现衰退。

该厄尔尼诺事件期间，基于卫星遥感反演的三维盐度场的次表层盐度发展演变特征如下。2014 年 2～5 月，次表层由赤道西太平洋低盐水向东传播，低盐舌向东延伸，使赤道太平洋中部表层盐度减小[图 5.38（a）和（b）]，而后由于厄尔尼诺强度减弱、发展缓慢，次表层盐度并没有出现明显变化[图 5.38（c）和（d）]。自 2015 年 3 月，随着厄尔尼诺现象迅速发展，低盐舌持续向东延伸，且强度不断增强，2015 年 12 月达到峰

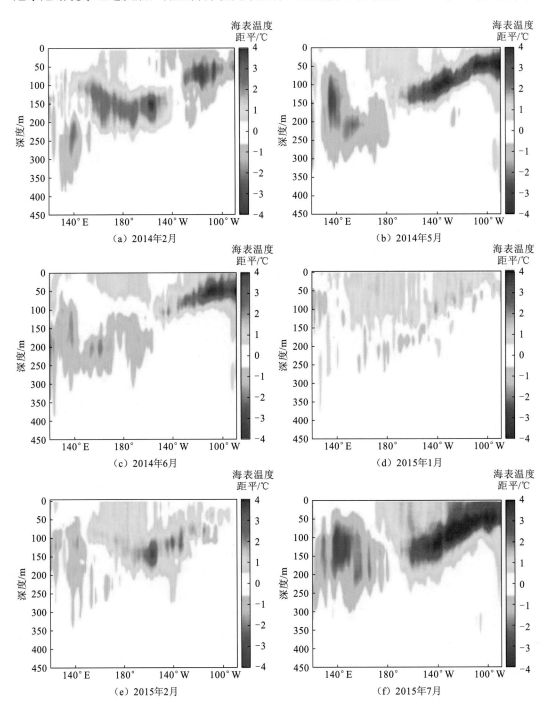

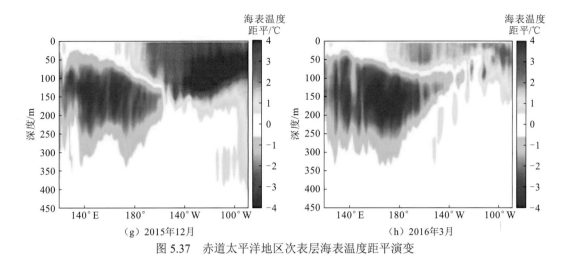

（g）2015年12月 （h）2016年3月

图 5.37　赤道太平洋地区次表层海表温度距平演变

值时，低盐区基本控制了赤道太平洋中部海区上层[图 5.38（f）]，赤道太平洋中部的次表层低盐中心压迫下层的高盐水，使高盐水在赤道太平洋西部上升，整个赤道太平洋盐度异常呈现西正东负分布特征（图 5.39）。而后随着厄尔尼诺现象衰退，低盐舌开始西缩，重新回到 2014 年的初始盐度分布状态。2014 年的盐度变化可能与厄尔尼诺期间的降水分布有关。随着厄尔尼诺现象发生，赤道中、东太平洋由于海温升高，上升运动加强，降水明显增多。

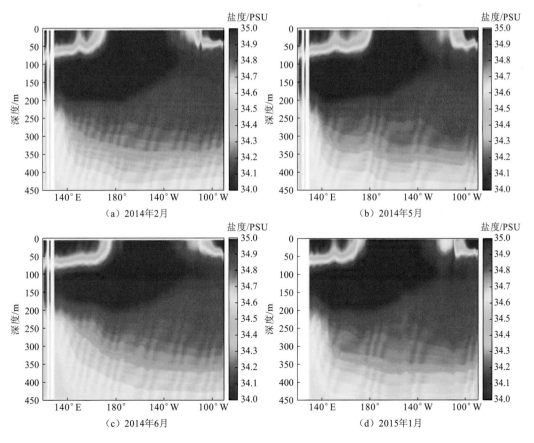

（a）2014年2月 （b）2014年5月

（c）2014年6月 （d）2015年1月

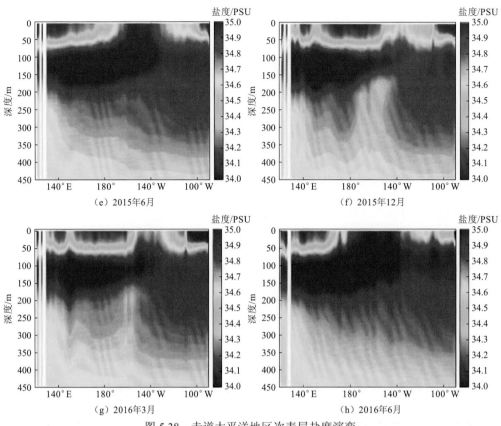

图 5.38　赤道太平洋地区次表层盐度演变

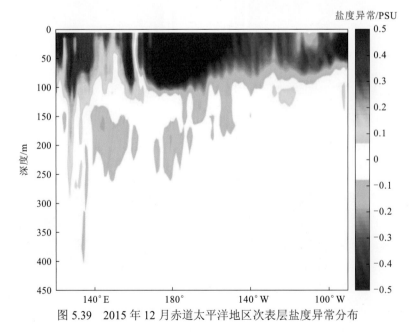

图 5.39　2015 年 12 月赤道太平洋地区次表层盐度异常分布

　　综上所述，基于盐度卫星反演的三维盐度场次表层盐度变化较好地刻画和表现了该次厄尔尼诺事件的发展过程和演变特征。

5.3 卫星遥感盐度资料在南海的同化应用

目前关于卫星遥感盐度资料同化方面的研究还较少，本节将介绍基于 ROMS 四维变分增量同化方法开展南海的实验（Mu et al.，2019）。由于近海海洋盐度遥感资料质量不高，通过广义回归神经网络算法对卫星遥感盐度进行校正。设置 6 组实验来评价广义回归神经网络校正对 SMOS 卫星海表盐度同化效果的影响，以及海表盐度同化对表层和次表层盐度模拟的影响。各组实验的名称与所同化的资料见表 5.11。在 2012 年 1 月 1 日～2013 年 12 月 30 日时间段内进行循环同化实验，同化时间窗口为 7 天，时间步长为 720 s，第一窗口的同化初始场由真实模拟场提供，后续窗口的初始场由前一窗口的后验场提供。

表 5.11　实验名称与同化的资料

实验代号	试验名	同化的资料
EX1	BASE	None
EX2	RAW	原始 SMOS 海表盐度
EX3	NN	校正后的 SMOS 海表盐度
EX4	OTH	海平面异常、海表温度、温盐剖面
EX5	RAWALL	原始 SMOS 海表盐度、海平面异常，海表温度、温盐剖面
EX6	NNALL	校正后的 SMOS 海表盐度、海平面异常、海表温度、温盐剖面

5.3.1　盐度同化对海表盐度模拟的影响

将 6 组循环同化实验的海表盐度后验场做多年平均，并与 ISAS-15 数据集海表盐度的多年平均做差值，比较 6 组实验的偏差值来分析神经网络校正对海表盐度模拟的影响、其他变量场同化对海表盐度模拟的影响，以及在同化其他变量的基础上加入海表盐度同化对其模拟的影响，结果如图 5.40 所示。控制实验 EX1（BASE）是先验场，没有同化任何观测资料，与 ISAS 盐度场的偏差最大，在南海北部和西太平洋靠近吕宋海峡的部分都存在较大的偏差。在吕宋海峡处模式本身的模拟能力不足及 ISAS 数据本身在该处的误差也比较大，导致吕宋海峡处的平均偏差在 0.5 PSU 以上。在同化了原始的 SMOS 卫星海表盐度资料之后，EX2（RAW）的后验场在西太平洋和南海北部部分区域的偏差略有降低，如吕宋岛以东的西太平洋海域和南海靠近中部的区域，但同时在台湾东部和吕宋海峡以西的南海海域引入了更大的偏差。EX3（NN）同化的是校正后的海表盐度，其后验场与 ISAS 盐度的偏差在西太平洋和南海区域都明显减小，在西太平洋降低到 0.1 PSU 以下，在南海区域降低到 0.2 PSU 以下。对比 EX1～EX3 可以看出，经过广义回归神经网络的校正，海表盐度在同化之后能够显著提升模式对海表盐度场的模拟能力，与验证集 ISAS 的平均偏差较同化原始海表盐度的结果大为减小，说明利用广义回归神经网络对 SMOS 卫星海表盐度前处理的有效性。

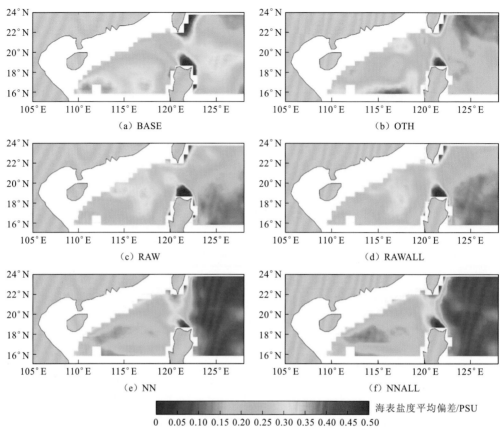

图 5.40　6 组循环同化实验海表盐度与 ISAS-15 海表盐度的平均偏差

　　EX4（OTH）的同化结果较控制实验有了明显的改进，虽然 EX4 没有直接同化海表盐度，但温盐廓线观测中包含大量的盐度资料，而且背景误差协方差矩阵能够通过平衡关系将温度和海表高度异常的影响传递到海表盐度中，因此海表盐度场在长期的时间平均上得以改进，但是这种影响带来的改善是有限的。EX5（RAWLL）在 EX4 的基础上加入了原始卫星盐度资料，通过对比可以看出，加入原始卫星盐度资料后，台湾以东的西太平洋海表盐度的模拟效果更差，南海北部的模拟效果也有所降低，但在吕宋岛两侧的海域，平均偏差有所降低。总的来说在传统观测资料的基础上加入原始盐度资料对最终的海表盐度模拟场的影响较小。EX6（NNALL）在传统资料的基础上加入校正后的海表盐度，对比 NN、OTH 和 NNALL 三个实验的结果来看，对海表盐度场的模拟占据主导作用的是海表盐度的同化，NN 与 NNALL 实验的海表盐度后验场基本一致。这说明，在同化传统资料的基础上，加入校正后的海表盐度可以继续提升海表盐度的模拟效果，优于 RAWALL 实验的同化结果。

5.3.2　盐度同化对次表层盐度模拟的影响

　　海表盐度的同化可以通过背景误差协方差矩阵和模式的动力过程影响次表层盐度的模拟（Vernieres et al.，2014）。本小节将通过同化后验场与 EN4 盐度廓线数据集的对比来验证南海区域海表盐度同化对次层盐度的影响,确定影响深度,并将后验场与南海 18°N 航测盐度剖面资料、ISAS 盐度资料(Brion et al.,2012)进行比较来验证研究结果。18°N 剖面是南海北部横跨海盆的一个断面,紧邻吕宋海峡,是南海和西太平洋水体交换、南海内部环流都必经的一个断面(You et al.,2005)。本小节通过该断面衡量海表盐度同化对上层盐度模拟的影响。

1. 盐度廓线

用于验证的 EN4 盐度廓线的位置如图 5.41 所示,主要在南海区域和西太平洋区域。由于吕宋海峡附近的海表盐度误差较大,未使用该区域的盐度廓线数据。这些盐度廓线数据以 Argo 数据为主,还有船测的温盐深数据。将同化后验场的盐度插值到 EN4 盐度廓线格点上并进行均方根误差的比较,结果如图 5.42 所示。

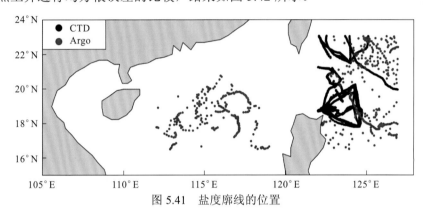

图 5.41　盐度廓线的位置

在南海区域,控制实验与盐度廓线观测的均方根误差(红色线条)在海表处为 0.3 PSU 向下一直减小到 50 m 深度的 0.17 PSU,随后在 80 m 深度增加到 0.22 PSU,从 100 m 深度开始持续减小到 200 m 深度的 0.1 PSU 左右。蓝色线条为 EX2 结果,可以看到在同化原始卫星观测以后,水下 5 m 和 10 m 深度的均方根误差略有减小,但在 10 m 深度以下直到 200 m 深度,EX2 后验场盐度廓线与观测的均方根误差较 EX1 控制实验与观测的均方根误差接近甚至更大,这说明原始 SMOS 海表盐度资料的同化不仅不能提升对次层盐度的模拟效果,反而使模拟效果变差。绿色线条为 EX3 同化校正后的海表盐度的结果,可以看出在 40 m 深度以上均方根误差明显减小,几乎与同化了盐度廓线观测的 EX4(OTH)结果相近,但在 40 m 深度以下的模拟误差变得很大,甚至大于 EX2 的均方根误差,这可能与混合层的深度有关。ROMS 模式的运行需要设置全局混合层深度,本小节将混合层深度设置为 100 m,但南海区域的实际混合层深度为 40 m 左右,这与 40 m 以上均方根误差较小、40 m 以下均方根误差迅速增大的实验结果比较符合。对比 OTH、RAWALL 和 NNALL 实验结果的 RMSE 廓线可以看出,在同化盐度廓线资料的基础上加入原始盐度资料会增大次层盐度的模拟误差,而加入校正后的海表盐度能更进一步地提升次层盐度模拟效果。

总体来说,通过广义回归神经网络的校正,海表盐度的同化能够提升次层盐度的模拟效果,但在南海区域和西太平洋区域的表现有所不同。西太平洋盐度垂直分布较

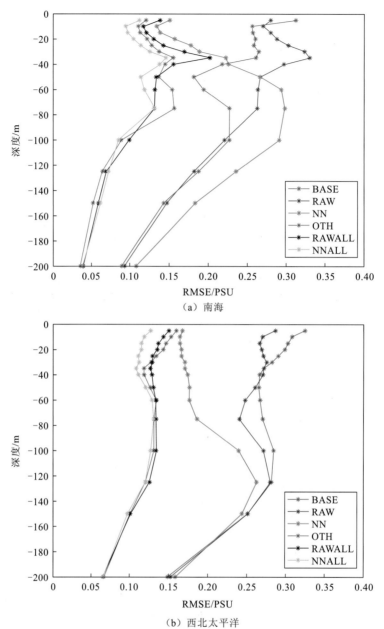

（a）南海

（b）西北太平洋

图 5.42　后验场与 EN4 盐度廓线均方根误差的垂直分布

为稳定，且混合层深度与模式设置较为接近，因而同化效果更好，海表盐度的同化对次表层盐度模拟的改善深度可达 150 m。而在南海区域，动力过程更为复杂且混合层深度（40 m 左右）与模式设置（100 m）不一致，因此改善深度只能达到 40 m，在 40 m 以下模拟效果反而不如先验场。此外，影响深度可能与水体性质的差异有关。

2. 盐度剖面

为了进一步证明海表盐度同化对次表层盐度场模拟的影响，将 2012～2013 年的同化后验场与 ISAS-15 数据集的盐度剖面进行对比，结果如图 5.43 所示。控制实验 BASE 的盐度剖面在上层明显偏高 0.3 PSU 左右，导致上层和中层分界不明显，下分界线也相对偏深，但下层的模拟效果更加准确，这点从均方根误差的剖面图中体现得更为直接。而原始 SMOS 卫星盐度资料的同化在下层带来的调整很小，在表层 10 m 以浅，原始海表盐度的同化使模拟误差有所降低，但是在断面右侧约 30 m 深度引入了更大的误差，使该处的均方根误差由 0.35 PSU 增大到 0.5 PSU 以上。反观校正后的海表盐度的同化结果，虽然下层盐度的变化不大，但上层和中层海水出现了明显的分界，且上分界面的深度与 ISAS 数据集基本一致，整个断面在 80 m 以浅的模拟误差显著减小，只在断面右侧 116°E 以东、40 m 深度左右的小区域存在 0.3 PSU 左右的均方根误差。

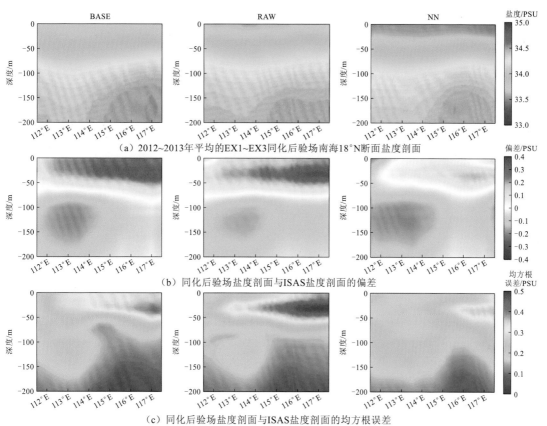

（a）2012～2013年平均的EX1～EX3同化后验场南海18°N断面盐度剖面

（b）同化后验场盐度剖面与ISAS盐度剖面的偏差

（c）同化后验场盐度剖面与ISAS盐度剖面的均方根误差

图 5.43　2012～2013 年同化后验场与 ISA-15 数据集的盐度剖面对比结果

图 5.44 为 EX4～EX6 的后验场盐度剖面结构图，三组实验结果的盐度剖面都出现明显的三层结构。EX4 的结果与 IASA 已经非常接近，只在上层有一定的误差。原始盐度卫星观测的引入使模拟效果变差，而引入校正后的海表盐度则能进一步降低模拟误差，这与之前得出的结论一致。6 组实验（EX1～EX6）中 EX6 的结果最佳，这再度证明了广义回归神经网络校正海表盐度的有效性。

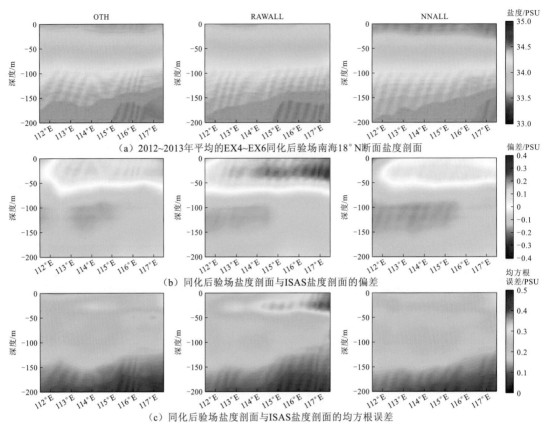

（a）2012~2013年平均的EX4~EX6同化后验场南海18°N断面盐度剖面

（b）同化后验场盐度剖面与ISAS盐度剖面的偏差

（c）同化后验场盐度剖面与ISAS盐度剖面的均方根误差

图 5.44　EX4～EX6 的后验场盐度剖面结构图

参 考 文 献

AGARWAL N, SHARMA R, BASU S, et al., 2007. Derivation of salinity profiles in the Indian Ocean from satellite surface observations. IEEE Geoscience and Remote Sensing Letters, 4(2): 322-325.

ARGO, 2000. Argo float data and metadata from Global Data Assembly Centre (Argo GDAC). http: //doi. org/10. 17882/42182, 2022-03-06.

ASSASSI C, MOREL Y, VANDERMEIRSCH F, et al., 2016. An index to distinguish surface- and subsurface-intensified vortices from surface observations. Journal of Physical Oceanography, 46(8): 2529-2552.

BALLABRERA-POY J, KALNAY E, YANG S C, 2009. Data assimilation in a system with two scales-combining two initialization techniques. Tellus, Series A: Dynamic Meteorology and Oceanography, 61: 539-549.

BAO S, WANG H, ZHANG R, et al., 2019a. Comparison of satellite-derived sea surface salinity products from SMOS, Aquarius, and SMAP. Journal of Geophysical Research: Oceans, 124(3): 1932-1944.

BAO S, ZHANG R, WANG H, et al., 2019b. Salinity profile estimation in the Pacific Ocean from satellite surface salinity observations. Journal of Atmospheric and Oceanic Technology, 36(1): 53-68.

BOUTIN J, CHAO Y, ASHER W E, et al., 2016. Satellite and in situ salinity: Understanding near-surface stratification and subfootprint variability. Bulletin of the American Meteorological Society, 97(8): 1391-1407.

BOUTIN J, VERGELY J L, MARCHAND S, et al., 2018. New SMOS sea surface salinity with reduced systematic errors and improved variability. Remote Sensing of Environment, 214(5): 115-134.

BRAINERD K E, GREGG M C, 1995. Surface mixed and mixing layer depths. Deep-Sea Research Part I, 42(9): 1521-1543.

BRION E, GAILLARD F, 2012. ISAS-Tool Version 6: User's Manual. https: //www. semanticscholar. org/paper/ISAS-Tool-Version-6-%3A-Method-and-configuration-Gaillard/b7413b09f0bb8d0e6295a66099c ce441a68c8781, 2023-03-06.

BUONGIORNO N B, 2004. Reconstructing synthetic profiles from surface data. Journal of Atmospheric and Oceanic Technology, 21(4): 693-703.

BUONGIORNO N B, 2012. A novel approach for the high-resolution interpolation of in situ sea surface salinity. Journal of Atmospheric and Oceanic Technology, 29(6): 867-879.

BUONGIORNO N B, 2013. Vortex waves and vertical motion in a mesoscale cyclonic eddy. Journal of Geophysical Research: Oceans, 118(10): 5609-5624.

BUONGIORNO N B, 2020. A deep learning network to retrieve ocean hydrographic profiles from combined satellite and in situ measurements. Remote Sensing, 12(19): 3151.

BUONGIORNO N B, SANTOLERI R, 2005. Methods for the reconstruction of vertical profiles from surface data: Multivariate analyses, residual GEM, and variable temporal signals in the North Pacific Ocean. Journal of Atmospheric and Oceanic Technology, 22(11): 1762-1781.

BUONGIORNO N B, MULET S, IUDICONE D, 2018. Three-dimensional ageostrophic motion and water mass subduction in the southern ocean. Journal of Geophysical Research: Oceans, 123(2): 1533-1562.

BUONGIORNO N B, CAVALIERI O, RIO M H, et al., 2006. Subsurface geostrophic velocities inference from altimeter data: Application to the sicily channel (Mediterranean Sea). Journal of Geophysical Research: Oceans, 111(4): 1-22.

BUONGIORNO N B, GUINEHUT S, VERBRUGGE N, et al., 2017. Southern ocean mixed layer seasonal and interannual variations from combined satellite and in situ data. Journal of Geophysical Research: Oceans, 122(12): 10042-10060.

CARNES M R, TEAGUE W J, MITCHELL J L, 1994. Inference of subsurface thermohaline structure from fields measurable by satellite. Journal of Atmospheric and Oceanic Technology, 11(2): 551-566.

CHASSIGNET E P, HURLBURT H E, METZGER E J, et al., 2009. Global ocean prediction with the hybrid coordinate ocean model (HYCOM). Oceanography, 22(2): 64-75.

CHIN T M, VAZQUEZ-CUERVO J, ARMSTRONG E M, 2017. A multi-scale high-resolution analysis of global sea surface temperature. Remote Sensing of Environment, 200(12): 154-169.

FERNANDEZ E, LELLOUCHE J M, 2022. Product user manual for the global ocean physical reanalysis product. GLOBAL_REANALYSIS_PHY_001_030 (Issue 1. 4): 1-15.

FOURNIER S, LEE T, GIERACH M M, 2016. Seasonal and interannual variations of sea surface salinity associated with the Mississippi River plume observed by SMOS and Aquarius. Remote Sensing of

Environment, 180: 431-439.

GOOD S A, MARTIN M J, RAYNER N A, 2013. EN4: Quality controlled ocean temperature and salinity profiles and monthly objective analyses with uncertainty estimates. Journal of Geophysical Research: Oceans, 118(12): 6704-6716.

GUINEHUT S, DHOMPS A L, LARNICOL G, et al., 2012. High resolution 3-D temperature and salinity fields derived from in situ and satellite observations. Ocean Science Discussions, 8(5): 845-857.

GUINEHUT S, LE TRAON P, LARNICOL G, et al., 2004. Combining Argo and remote-sensing data to estimate the ocean three-dimensional temperature fields: A first approach based on simulated observations. Journal of Marine Systems, 46(1): 85-98.

GULA J, MOLEMAKER J J, MCWILLIAMS J C, 2014. Submesoscale cold filaments in the Gulf Stream. Journal of Physical Oceanography, 44(10): 2617-2643.

GULA J, MOLEMAKER J J, MCWILLIAMS J C, 2015. Gulf stream dynamics along the southeastern U. S. seaboard. Journal of Physical Oceanography, 45(3): 690-715.

HANSEN E H, LØSET S, 1999. Modelling floating offshore units moored in Broken Ice: Model description. Cold Regions Science and Technology, 29(2): 97-106.

HUANG B F, BOUTROS P C, 2016. The parameter sensitivity of random forests. BMC Bioinformatics, 17(1): 331.

ISERN-FONTANET J, CHAPRON B, LAPEYRE G, et al., 2006. Potential use of microwave sea surface temperatures for the estimation of ocean currents. Geophysical Research Letters, 33(24): 1-5.

ISERN-FONTANET J, LAPEYRE G, KLEIN P, et al., 2008. Three-dimensional reconstruction of oceanic mesoscale currents from surface information. Journal of Geophysical Research: Oceans, 113(9): 1-17.

KAO H Y, LAGERLOEF G S E, LEE T, et al., 2018. Assessment of Aquarius sea surface salinity. Remote Sensing, 10(9): 1341.

KENNEDY J J, RAYNER N A, SMITH R O, et al., 2011. Reassessing biases and other uncertainties in sea surface temperature observations measured in situ since 1850: 1 measurement and sampling uncertainties. Journal of Geophysical Research Atmospheres, 116, doi: 10. 1029/2010JD015218.

KLEIN P, ISEM-FONTANET J, LAPEYRE G, et al., 2009. Diagnosis of vertical velocities in the upper ocean from high resolution sea surface height. Geophysical Research Letters, 36(12): 1-5.

KLYMAK J M, SHEARMAN R K, GULA J, et al., 2016. Submesoscale streamers exchange water on the north wall of the Gulf stream. Geophysical Research Letters, 43(3): 1226-1233.

LACASCE J H, MAHADEVAN A, 2006. Estimating subsurface horizontal and vertical velocities from sea-surface temperature. Journal of Marine Research, 64(5): 695-721.

LAPEYRE G, 2009. What vertical mode does the altimeter reflect? On the decomposition in baroclinic modes and on a surface-trapped mode. Journal of Physical Oceanography, 39(11): 2857-2874.

LAPEYRE G, 2017. Surface quasi-geostrophy. Fluids, 2(1): 43-51.

LAPEYRE G, KLEIN P, 2006. Dynamics of the upper oceanic layers in terms of surface quasigeostrophy theory. Journal of Physical Oceanography, 36(2): 165-176.

LARNICOL G, GUINEHUT S, RIO M, et al., 2006. The global observed ocean products of the French

Mercator project. Proceedings of 15 Years of progress in radar altimetry Symposium.

LI Z, LIU Z, LU S L, 2019a. Global Argo data fast receiving and post-quality-control system. IOP Conference Series: Earth and Environmental Science.

LI Z, LIU Z, XING X, 2019b. User manual for global Argo observational data set (V3. 0) (1997-2018). China Argo Real-Time Data Center, Hangzhou: 33.

LIU L, PENG S, WANG J, et al., 2014. Retrieving density and velocity fields of the ocean's interior from surface data. Journal of Geophysical Research: Oceans, 119(12): 8512-8529.

LIU L, PENG S, HUANG R X, 2017. Reconstruction of ocean's interior from observed sea surface information. Journal of Geophysical Research: Oceans, 122(2): 1042-1056.

LIU L, XUE H, SASAKI H, 2019. Reconstructing the ocean interior from high-resolution sea surface information. Journal of Physical Oceanography, 49(10): 3245-3262.

LIU L, XUE H, SASAKI H, 2021. Diagnosing subsurface vertical velocities from high-resolution sea surface fields. Journal of Physical Oceanography, 51(5): 1353-1373.

LOCARNINI R A, LEVITUS S, BOYER T, et al., 2012. World ocean atlas 2013: Improved vertical and horizontal resolution. AGU Fall Meeting.

MASUMOTO Y, SASAKI H, KAGIMOTO T, et al., 2004. A fifty-year eddy-resolving simulation of the world ocean: Preliminary outcomes of OFES (OGCM for the Earth Simulator). Journal of the Earth Simulator, 1: 35-56.

MCWILLIAMS J C, GULA J, MOLEMAKER M J, 2019. The Gulf stream north wall: Ageostrophic circulation and frontogenesis. Journal of Physical Oceanography, 49(4): 893-916.

MEISSNER T, WENTZ F J, LE VINE D M, 2018. The salinity retrieval algorithms for the NASA Aquarius version 5 and SMAP version 3 releases. Remote Sensing, 10(7): 1121.

MU Z, ZHANG W, WANG P, et al., 2019. Assimilation of SMOS sea surface salinity in the regional ocean model for South China Sea. Remote Sensing, 11(8): 919.

MULET S, RIO M H, MIGNOT A, et al., 2012. A new estimate of the global 3D geostrophic ocean circulation based on satellite data and in-situ measurements. Deep Sea Research Part II, 77: 70-81.

OLMEDO E, MARTÍNEZ J, TURIEL A, et al., 2017. Debiased non-Bayesian retrieval: A novel approach to SMOS sea surface salinity. Remote Sensing of Environment, 193: 103-126.

PAN W T, 2012. A new fruit fly optimization algorithm: Taking the financial distress model as an example. Knowledge-Based Systems, 26: 69-74.

PEDLOSKY J, 1982. Geophysical fluid dynamics. berlin: Springer Verlag.

PEDREGOSA F, VAROQUAUX G, GRAMFORT A, et al., 2011. Scikit-learn: Machine learning in Python. Journal of Machine Learning Research, 12: 2825-2830.

QIU B, CHEN S, KLEIN P, et al., 2016. Reconstructability of three-dimensional upper-ocean circulation from SWOT sea surface height measurements. Journal of Physical Oceanography, 46(3): 947-963.

QIU B, CHEN S, KLEIN P, et al., 2019. Reconstructing upper ocean vertical velocity field from sea surface height in the presence of unbalanced motion. Journal of Physical Oceanography, 49(10): 55-79.

SPECHT D F, 1991. A general regression neural network. IEEE Transactions on Neural Networks, 2(6):

568-576.

SU H, LI W, YAN X H, 2018. Retrieving temperature anomaly in the global subsurface and deeper ocean from satellite observations. Journal of Geophysical Research: Oceans, 123(1): 399-410.

SU H, WU X, YAN X H, et al., 2015. Estimation of subsurface temperature anomaly in the Indian Ocean during recent global surface warming hiatus from satellite measurements: A support vector machine approach. Remote Sensing of Environment, 160: 63-71.

SU H, YANG X, LU W, et al., 2019. Estimating subsurface thermohaline structure of the global ocean using surface remote sensing observations. Remote Sensing, 11(13): 1598.

TABURET G, PUJOL M I, 2021. QUID for sea level TAC DUACS Products. http: //catalogue. marine. copernicus. eu/documents/QUID/CMEMS-SL-QUID-008-032-062. pdf, 2003-03-06.

TANG W, FORE A, YUEH S, et al., 2017. Validating SMAP SSS with in situ measurements. Remote Sensing of Environment(7): 2561-2564.

VERGELY J L, BOUTIN J, 2017. SMOS OS level 3: The algorithm theoretical basis document (V300). http: // nsidc. org/site/nsidc. org/files/files/data/smap/pdfs/l2&3-SM-P-V4-ocl2012. pdf, 2023-03-06.

VERNIERES G, KOVACH R, KEPPENNE C, et al., 2014. The impact of the assimilation of Aquarius sea surface salinity data in the GEOS ocean data assimilation system. Journal of Geophysical Research: Oceans, 119: 6974-6987.

WANG H Z, ZHANG R, WANG G H, et al., 2012. Quality control of Argo temperature and salinity observation profiles. Acta Geophysica Sinica, 55(2): 577-588.

WANG J, FLIERL G R, LACASCE J H, et al., 2013. Reconstructing the ocean's interior from surface data. Journal of Physical Oceanography, 43(8): 1611-1626.

WONG A, KEELEY R, CARVAL T, et al., 2018. Argo quality control manual for CTD and trajectory data. http: //www. argo. org. cn/uploadfile/2020/1010/2020/010-033917438. pdf, 2023-03-06.

WU X, YAN X H, JO Y H, et al., 2012. Estimation of subsurface temperature anomaly in the North Atlantic using a self-organizing map neural network. Journal of Atmospheric and Oceanic Technology, 29(11): 1675-1688.

XU A, YU F, NAN F, 2019. Study of subsurface eddy properties in Northwestern Pacific Ocean based on an eddy-resolving OGCM. Ocean Dynamics, 69(4): 463-474.

YOU Y, CHERN C S, YANG Y, et al., 2005. The South China Sea, a cul-de-sac of North Pacific intermediate water. Journal of Oceanography, 61(3): 509-527.

YU L, 2010. On sea surface salinity skin effect induced by evaporation and implications for remote sensing of ocean salinity. Journal of Physical Oceanography, 40(1): 85-102.

ZHANG T, SU H, YANG X, et al., 2020. Remote sensing prediction of global subsurface thermohaline and the impact of longitude and latitude based on LightGBM. Journal of Remote Sensing, 24(10): 1255-1269.

ZHANG Z, ZHANG Y, WANG W, 2017. Three-compartment structure of subsurface-intensified mesoscale eddies in the ocean. Journal of Geophysical Research: Oceans, 122(3): 1653-1664.

第6章 海洋盐度卫星前景展望及国产海洋盐度卫星计划

卫星盐度观测系统已经取得了显著成就，但其维系和创新仍面临诸多挑战。本章将介绍维持和增强卫星盐度观测系统的必要性，提出未来十年的发展战略及可能受益于盐度卫星产品的潜在领域；在此基础上，介绍国产海洋盐度探测卫星计划。

6.1 海洋盐度卫星前景展望

6.1.1 连续观测的必要性

卫星海表盐度的连续观测是众多科学研究和应用的必然要求（Vinogradova et al.，2019），因为更长时间序列的卫星海表盐度数据将有助于理解和预测包括 ENSO 在内的年际气候变化。由于年际气候变化的多样性，只有通过对这些事件的多次记录，才能提高模式预测的鲁棒性。

卫星海表盐度的连续观测对台风和洪水等极端天气事件的长期监测和预测也很有必要。海表盐度可为台风监测和预测提供新的方法。台风监测和预测的一个发展方向是改进基本大气和海洋模式中的物理表示与耦合关系，而卫星海表盐度数据具有近海表、天气尺度覆盖率的独特优势，是了解海气边界热交换的关键变量之一，这种热交换为台风的形成和演变提供了能量，特别是在受强淡水输入影响的海域。

陆地洪水作为影响海洋生态系统、基础设施和国民经济的另一种极端事件，也将受益于卫星海表盐度的连续观测。卫星海表盐度观测的连续性对监测不断变化的水循环及其海陆联系至关重要。利用盐度数据监测和预测极端事件的技术前景广阔，但需要保证观测的持续性和统计的稳健性。

为了确认盐度遥感在中尺度海洋学中的一些新发现，也需要通过更多的卫星海表盐度观测数据增强统计的稳健性。越来越多的证据表明，涡流淡水输送的时变性很重要，可能与大尺度气候强迫有关，但人们对不同尺度之间的相互作用知之甚少。因此，以中尺度分辨率持续积累更长时序的卫星海表盐度观测数据，对理解这些过程和尺度间相互作用至关重要。

对海洋和生态预报等业务而言，卫星海表盐度观测的连续性极为重要。在没有持续观测的情况下，各业务中心很难在业务模式中使用海表盐度观测数据。

朝着十年或更长时间尺度的观测覆盖目标发展，海表盐度在更广泛气候系统中的作用及其与地球水文和碳循环的联系会越发明朗。作为海洋循环和层结、海洋生物化学和全球水收支的组成部分，海表盐度是连接地球基本循环的重要环节。地球系统正在经历巨大的变化，海表盐度长期变化趋势将成为现在和未来地球健康状况的一个独立指标。维持一个精确的全球卫星海表盐度观测系统将使以上诸点的连接成为现实。总而言之，海表盐度是全球气候观测系统的一个重要气候和海洋变量。鉴于卫星海表盐度观测的重要性和显著优势，2016 年全球气候观测系统（Global Climate Observing System，GCOS）实施计划特别提出了关于"确保天基海表盐度观测连续性"的"032 提案"（Action 032：Ensure the continuity of space-based SSS measurements；Belward et al.，2016）。

6.1.2　增强观测的必要性

虽然卫星海表盐度观测在许多科学和应用领域的积极作用已被证实，但其仍然需要进一步增强观测。增强观测主要体现在准确性、分辨率和覆盖区域三个方面。

1. 准确性

海表盐度虽然影响深远，但绝对变化量较小，尤其是长期变化趋势很平缓，几十年的变化幅度仅为 0.2 PSU（Durack et al.，2010）。为了反映长期气候变化信号，需要提高卫星海表盐度反演的准确性。

同样，为了更好地分辨涡流等其他中小尺度海洋特征，也必须提高卫星海表盐度反演的准确性。海表盐度中的典型涡流信号和卫星反演均方根误差均为 0.1～0.5 PSU（Grodsky et al.，2014），可见中尺度的海表盐度信噪比较低。因此，为了提高卫星海表盐度观测系统的稳定性，海表盐度精度需要高于 0.1 PSU，这就需要改进反演算法和传感器技术以实现这一目标。

此外，对高纬度地区的监测需求很迫切，但高纬度冷水中的 L 波段盐度反演亮温灵敏度较低且受海冰污染影响，冷水中的卫星海表盐度数据具有较大的不确定性。北冰洋海冰融化、降水和河流径流等变化前所未有地影响地球物理和生物化学系统，其中包括淡水储存和输出、海-冰-气相互作用、初级生产力、海洋的酸化反应等。提高极地区域卫星海表盐度数据的准确性，将有助于系统地监测北极海表盐度模态变化，并跟踪淡水进入北大西洋的路径。类似地，寒冷的南极水域的巨大不确定性，影响了对亚南极锋和极地锋区变化及与环流翻转相关的水团形成过程的监测能力。为了监测极地海洋发生的变化，有必要进行进一步技术革新，以更经济高效的方式解决这一问题。

2. 分辨率

虽然目前的卫星任务极大地促进了对海表盐度变化的理解，但与中尺度（10～100 km）和亚中尺度（1～10 km）过程相关的海洋变化仍有很大一部分缺失。在实践中，为了分辨海洋特征，需要捕捉所谓的罗斯贝变形半径的范围，即洋流感受到地球自转影响的长度范围。在海洋中，罗斯贝半径在不同海域有所不同，从赤道附近的 200 km 到高纬度地区的10～20 km 不等（Chelton et al.，1998）。目前正在运行的 SMOS 卫星和 SMAP

卫星的海表盐度观测具有约 40 km 的空间分辨率，这意味着它们只能分辨赤道南北 30°以内的罗斯贝半径及海洋涡旋。因此，需要提高卫星海表盐度的空间分辨率，更好地分辨中尺度变化，并在更靠近海岸的地方进行观测，进一步加强对陆-海联系的研究。

虽然最近的研究证明了海洋亚中尺度变化对地球能量收支和海洋生物地球化学的关键贡献，但是从太空观测亚中尺度海表盐度超出了 L 波段卫星遥感的现有能力范围。欧洲航天局目前正在研究下一代 SMOS 概念卫星，并进行了重大的技术创新。

SMOSops（SMOS operational system）卫星（图 6.1）提出通过增加 GNSS-R 及 X 波段一维综合孔径微波辐射计来校正海面粗糙度，提高测量精度。

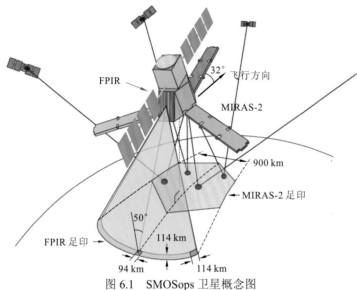

图 6.1　SMOSops 卫星概念图

同时，为了进一步提高 L 波段综合孔径微波辐射计的地面分辨率、测量灵敏度及 RFI 抑制能力，欧洲航天局提出了一种全新的六边形阵列形式的综合孔径微波辐射计（SMOSops-H）概念。SMOSops-H 由 120 个单元大线组成，单元间距为 0.767λ（λ为波长），展开后等效口径为 6.5 m。SMOSops-H 与 SMOS 的主要指标对比见表 6.1。

表 6.1　SMOSops-H 与 SMOS 的主要指标对比

参数	SMOSops-H	SMOS
单元天线数	120	69
极化	全极化，同时测量	V、H，分时测量
旁瓣电平/dB	−28.3 −27.1	−14.3 −16.7
角度分辨率/（°）	2.22	2.26
地面分辨率/km	33.0	40.6
单次测量灵敏度（海面）/K	0.84	1.73

3. 覆盖区域

在大陆边缘附近，尤其是对水循环收支有影响的主要河流羽流附近，需要更好的卫星覆盖。尽管目前的盐度卫星提供的海表盐度数据可达距离海岸约 40 km，但陆地污染问题仍然令人担忧。随着科学界和公众对近海岸海表盐度数据越来越关注，精确观测海岸过程变得越来越重要，其中包括海陆交换、水文和生物化学循环、沿岸上升流、淡水、污染及其他影响生物学、生态系统和人类健康的过程。

6.1.3　未来十年的总体战略

由于海表盐度是一个重要的海洋和气候变量，未来的海表盐度观测将成为地球观测卫星网等全球海洋观测系统的重要组成部分。由于地球观测系统将对海洋环流、海气交换、水文循环、生物地球化学等地球系统的关键组成部分进行协同观测，未来的卫星海表盐度观测任务也必然受益于地球观测系统的这种"综合观测"属性和协同观测方案。卫星海表盐度观测网络的前景取决于技术发展和合作关系，其共同目标是促进科学发展及应用，以造福人类社会。

科学驱动、应用驱动因素及其伴随而来的挑战，为未来几十年的卫星海表盐度观测设定了发展具体要求，以便更好地支持最终用户。协同观测系统的要求之一是以优于25 km 的空间分辨率监测海表盐度，也就是达到当前海表温度和海面风场被动微波辐射计观测的分辨率，并至少每 3 天覆盖全球一次。海表温度和风场的同步测量可极大地促进海表盐度反演精度，因为海表温度和风场是海表盐度反演中重要的辅助数据。同步测量热带低纬度地区海表盐度、海表温度和风场尤其重要，因为在这些地区，现有的卫星海表盐度测量最为准确。目前正在探索多频辐射计的概念，特别是那些覆盖 P、L、C 和（或）X 波段组合的辐射计。由于所有地球物理参数都可以在多个微波频段进行测量，多波段微波辐射计将能够融合从多个波段反演的数据，以实现同步测量的改进。

为了测量极地区域冷水中的海表盐度，研究者正在考虑 P 波段辐射计的概念。自 20世纪 70 年代以来，盐度遥感的最佳无线电频率为 500～800 MHz（Kendall et al.，1985；Swift et al.，1983；Wood et al.，1975）。这些频段对盐度的敏感度几乎不随海表温度而变化，在海表温度低于 10 ℃时，其敏感度是 L 波段的 3 倍。但受 RFI 的影响，无线电频率是基于 1.4～1.427 GHz 波段（L 波段）的辐射计设计的，该波段处于用于被动辐射测量的、受保护的地球探测卫星服务（earth exploration satellite service，EESS）频谱（Oliva et al.，2016；Entekhabi et al.，2010；Lagerloef et al.，2008；Kerr et al.，2001）。最近，微波辐射计技术已经发展到可以有效过滤 RFI 并提取纯净信号的水平，从而扩大了潜在的业务频谱范围（Misra et al.，2018，2013；Piepmeier et al.，2014；Ruf et al.，2006）。一些辐射计能够在 0.8～3.0 GHz 波段同步测量风场和海表温度，显著改善了整体盐度观测效果，尤其是冷水中的盐度观测效果。

这种系统也适用于冰层和极地海洋（Lee，2016）。目前，海冰厚度的雷达测量具有较大的不确定性，尤其是对小于 1 m 的薄海冰；多频组合（P/L 波段）测量旨在填补季节性海冰厚度测量的能力缺口。改进边缘冰区的海冰厚度测量和海表盐度测量，对海冰相互作用研究、季节性海冰预测，以及亚季节/季节性天气预测都非常重要。此外，L/P波段辐射测量具有测量冰架温度的能力，对海平面研究具有重要意义。多频段方法的主要挑战是在卫星反演的成本和分辨率之间进行权衡，这需要进一步分析研究。

国际合作对确保不同任务中卫星海表盐度观测的一致性及支持连续的研究和应用任务都非常重要。SMOS 卫星和 SMAP 卫星仍然在轨，需要在两颗卫星的海表盐度观测之间进行交叉校准。此外，还需要一个能实现多卫星海表盐度测量一致验证与融合的平台。这些技术正在欧洲航天局的盐度项目试验任务开发平台（pilot mission exploitation platform for salinity project，Pi-MEP）、气候变化倡议项目（climate change initiative project）及地球系统环境研究数据记录制作（making Earth system data records for use in research environments，MEaSUREs）项目中进行探索。通过密切合作，欧洲航天局和 NASA 盐度研究团队需要对每个卫星海表盐度反演中使用的各种算法和辅助数据集进行比较。通过选取一组通用的辅助参数和模型，以及用于表征海表盐度不确定性的精细化方法，提供有关海表盐度反演特征的一致信息，尤其是关于不确定性的信息，从而开发出更准确、更融合的海表盐度产品，满足最终用户的科学需求。

作为综合地球观测系统的一部分，持续增强盐度遥感的准确性、分辨率和覆盖区域，以满足社会需求的一个前进方向是实施创新解决方案和构建协同测量观念。利用当前的技术进步，开展国际协调合作以确保能力互补，并利用商业部门的新兴能力降低高质量地球观测研究的成本。未来十年盐度遥感建议如表 6.2 所示。

表 6.2　未来十年盐度遥感建议

序号	关键词	说明
1	连续	确保天基海表盐度测量的连续性，以支持科学研究和业务应用，如监测海洋大尺度和中尺度现象的长期变化及其与气候变化的关系、表征陆地-海洋相互作用及海洋与水文和生物地球化学循环的联系、约束海况估计、支持业务海洋学、改善极端事件（如洪水和干旱）及其影响的预测
2	增强	增强卫星海表盐度观测系统，以提高准确性、分辨率和覆盖区域，从而更好地支持科学和业务应用。尤其重要的是，通过技术创新提高极地海域卫星海表盐度观测的精度。未来的卫星任务的准确性、分辨率和覆盖范围至少应不低于之前和现有任务的指标
3	融合	推进卫星海表盐度和全球海洋观测网络与模式/同化的融合。通过描述卫星海表盐度观测误差、卫星观测与海表真实现场观测采样差异的影响，以及导致采样差异的潜在物理过程，提高对卫星海表盐度不确定性的理解，这对融合来自不同任务的卫星海表盐度、生成气候数据记录、生成融合现场盐度观测的卫星海表盐度产品（如 L4 融合产品）至关重要，并通过数据同化将卫星海表盐度资料与其他卫星和现场观测数据进行有效结合
4	创新	开发创新、经济、高效的解决方案，以满足未来卫星海表盐度观测系统的连续性和增强要求。探索多频段探测仪器的概念，以便能够同时测量多种参数（如海表盐度、海表温度、海面风、海冰特性），从而更好地支持科学和业务应用
5	合作	寻求国际合作，以支持卫星海表盐度观测系统的连续、增强、融合与创新。这些合作包括技术和成本共享、卫星海表盐度反演的一致建模，以及卫星海表盐度校准和验证的通用框架

6.2 国产海洋盐度卫星计划

6.2.1 需求分析

为了符合海洋大国的战略定位，适应空间信息建设和国民经济的发展需求，我国海洋动力观测卫星系列需要加速发展能够高精度观测海洋盐度的卫星，作为海洋二号系列卫星的组成，填补海洋动力环境参数获取能力的空缺，完善观测要素，提高测量精度，实现海洋动力环境全要素的综合探测，更好地为海洋环境预报、中尺度海洋环境信息提取等应用服务（张庆君 等，2017）。

基于对海洋盐度探测卫星的多用户需求论证，并借鉴国际上在轨运行的盐度卫星应用经验，明确我国海洋盐度探测卫星的应用指标需求，如表 6.3 所示。

表 6.3 海洋盐度探测卫星应用指标需求

序号	指标名称	建议指标
1	观测要素	海表盐度 兼顾土壤湿度
2	产品测量精度	海表盐度：1 PSU@单次测量，0.1 PSU@30 天 土壤湿度探测精度：4%
3	空间分辨率	海表盐度：50 km@单次，200 km@30 天
4	覆盖范围	全球，覆盖极地
5	重复周期	3 天

注：综合考虑全球覆盖、3 天重复周期和早 6：00 晚 6：00 过境时间，盐度卫星建议采用晨昏太阳同步轨道，轨道重复周期为 3 天，相应的观测刈幅>950 km

根据国际盐度与海冰工作组（Salinity Sea Ice Working Group，SSIWG）提出的海洋应用需求指标，星载盐度观测需满足 0.05～0.1 PSU@200 km@月平均测量精度才能较好地应用于海洋研究。另外，由于 SMOS 卫星和 Aquarius 卫星的实际测量误差均大于 0.2 PSU@200 km@月平均，没有达到 0.1 PSU@200 km@月平均的设计精度，国内外业务化的海洋同化和预报系统并没有使用 SMOS 和 Aquarius 卫星数据，而是采用精度更高的浮标观测数据。但是，浮标和其他现场观测的盐度数据的时效性和覆盖性都远远不及卫星观测。因此，SMOS 卫星技术团队仍在努力提高产品精度，争取达到设计指标，同时期望后续卫星能够达到 0.1 PSU 的设计指标。对比国外同类卫星指标，考虑技术手段限制和业务化应用需求，我国自主海洋盐度探测卫星的技术指标应定为 0.1 PSU@200 km@月平均。

为实现海洋盐度产品单次 1 PSU@50 km、月平均 0.1 PSU@200 km 的高精度探测需求，海洋盐度探测卫星需要考虑的影响要素如表 6.4 所示。

表 6.4 影响盐度探测精度的要素

序号	探测要求	作用
1	高灵敏度探测	影响单次盐度探测精度的主要因素
2	高稳定度探测	影响月平均产品精度的主要因素
3	海面粗糙度影响	盐度探测的最主要误差源，需要同程探测校正
4	海表温度影响	盐度探测的第二主要误差源，需要同程探测校正
5	宇宙辐射	利用模型校正太阳、月亮、银河系等对观测亮温的影响
6	大气和电离层	利用模型和预报数据校正大气、电离层等对观测亮温的影响
7	多入射角探测	有利于减小模型的不确定性，提高探测质量
8	RFI 检测和抑制	消除或降低地面 RFI 干扰影响
9	高空间分辨率探测	增加分辨单元内测量点数量，提高月平均产品精度
10	大幅宽探测	增加重复测量次数，提高月平均产品精度
11	系统误差	系统残留误差
	单次盐度观测精度	1.0 PSU
	月平均盐度观测精度	0.1 PSU

6.2.2 载荷配置

在单独配置一种体制有效载荷不能完全满足任务需求的情况下，根据两种体制有效载荷（综合孔径和实孔径）的特性，对高精度海洋盐度探测各项要求的实现途径进行分析（表 6.5）。

表 6.5 高精度海洋盐度探测各项要求的实现途径

序号	探测要求	实现途径
1	高灵敏度探测	通过二维综合孔径辐射计实现
2	高稳定度探测	通过一维综合孔径辐射计实现
3	海面粗糙度影响	通过 L 波段散射计在轨同程观测校正
4	海表温度影响	通过 C/K 波段辐射计在轨同程观测校正
5	宇宙辐射	通过模型和预报数据处理
6	大气和电离层	通过模型和预报数据处理
7	多入射角探测	通过二维综合孔径辐射计实现
8	RFI 检测和抑制	通过一维综合孔径辐射计的频谱细分功能实现
9	高空间分辨率探测	通过二维综合孔径辐射计实现
10	大幅宽探测	通过二维综合孔径辐射计实现

通过分析，配置二维综合孔径微波辐射计，实现对主探测要素 L 波段亮温的高精度、高空间分辨率、多角度探测；配置 L 波段散射计，可同程测量海面粗糙度；配置 C/K 波段测温辐射计，可同程测量海表温度；配置一维综合孔径辐射计，可实现 L 波段亮温的高稳定测量、校正及 RFI 抑制。

为了简化系统设计，采用将一维综合孔径辐射计、C/K 波段辐射计和 L 波段散射计共用天线的设计，即散射计/多频辐射计联合探测仪。基于对各项探测要求的误差分配及工程约束条件，对两个遥感载荷进行技术指标分配。对各项探测指标的参数分析如表 6.6 所示。

表 6.6　各项探测要求的实现途径

序号	指标	二维综合孔径辐射计参数	散射计/多频辐射计联合探测仪参数	
			L/C/K 波段微波辐射计	L 波段微波散射计
1	工作频率/GHz	1.4	1.4，6.9，18.7	1.26
2	空间分辨率/km	50	—	—
3	观测刈幅/km	>950	>950	>950
4	极化方式	V/H/T3	V/H/T3，V/H，V/H	HH/VV/HV/VH
5	测量灵敏度/K	0.1	0.12，0.3，0.3	
6	稳定度/K	0.15	0.12，—，—	
7	定标精度/K	1.0		
8	定标稳定度/dB	—	—	0.1

1. 二维综合孔径辐射计

二维综合孔径辐射计采用 L 波段 Y 形二维综合孔径探测体制，对海洋盐度进行高空间分辨率、高精度、多角度的测量，具体功能包括：①通过综合孔径探测手段测量海表面 L 波段多入射角全极化辐射亮温信息；②通过多入射角探测方式识别 RFI。

二维综合孔径辐射计有两种工作模式。①测量模式：在轨期间处于持续工作状态，将所获取的遥感数据和内定标数据打包后下传。②在轨外定标模式：在轨工作期间，可以地面控制进入外定标模式，通过卫星姿态机动使分系统天线指向冷空进行观测，校正仪器漂移。

二维综合孔径辐射计由 Y 形 L 波段二维稀疏天线阵、14 个中心接收机、1 台中心控制配电器、3 台数据采集器、1 台数据处理器等硬件组成。

2. 散射计/多频辐射计联合探测仪

散射计/多频辐射计联合探测仪的主要功能包括：①利用 L 波段星载微波辐射计获取海洋表面亮温数据；②利用 C/K 波段星载辐射计同程获取海表温度数据；③利用 L 波段散射计同程获取海面粗糙度数据。

散射计/多频辐射计联合探测仪有两种工作模式。①测量模式：进行全球盐度观测，并通过天线及内部参考定标源的周期切换进行实时内定标，将科学数据、遥测数据等发送至数据传输分系统；②冷空平坦目标定标模式：进行冷空平坦目标定标，利用卫星姿态机动，使观测天线指向冷空，获取定标数据。

散射计/多频辐射计联合探测仪由天线、L 波段微波辐射计、L 波段微波散射计、C 波段微波辐射计、K 波段（18.7 GHz）微波辐射计等硬件组成。

6.2.3　发展展望

在《国家民用空间基础设施中长期发展规划（2015～2025 年)》中，海洋遥感卫星按照海洋水色卫星、海洋动力卫星、海洋监测卫星三个系列规划。根据规划，海洋盐度探测卫星是海洋动力卫星系列中的一颗科研卫星，用于获取全球海洋盐度信息，计划于"十四五"期间发射入轨。目前，我国已发射可以观测海表高度、海面风场和海表温度的海洋动力卫星，海洋盐度探测卫星的发射将填补目前我国海洋动力卫星系列在海洋盐度探测能力上的空白。虽然国际上对海洋盐度空间遥感探测的技术途径已经有了比较统一的认识，但总体来说，空间海洋盐度遥感技术仍处于发展早期。我国海洋盐度探测卫星的及时研制和发射，将促使我国的空间海洋盐度探测技术达到世界先进水平。

参 考 文 献

张庆君, 殷小军, 蒋昱, 2017. 发展海洋盐度卫星完善我国海洋动力卫星观测体系. 航天器工程, 26(1): 1-5.

BELWARD A, BOURASSA M, DOWELL A, et al., 2016. The global observing system for climate: Implementation needs GCOS-200. https: // unfccc. int/files/science/workstreams/ systematic_observation/ application/pdf/gcos_ip_10oct2016. pdf. [2016-10-10].

CHELTON D, DESZOEKE B, SCHLAX R A M, et al., 1998. Geographical variability of the first baroclinic rossby radius of deformation. Journal of Physical Oceanography, 28: 433-460.

DURACK P J, WIJFFELS S E, 2010. Fifty-year trend in global ocean salinities and their relationship to broad-scale warming. Journal of Climate, 23: 4342-4362.

ENTEKHABI D, NJOKU E G, O'NEILL P E, et al., 2010. The soil moisture active passive (SMAP) mission. Proceedings of the IEEE, 98: 704-716.

GRODSKY S A, REVERDIN G, CARTON J A, et al., 2014. Year-to-year salinity changes in the Amazon plume: Contrasting 2011 and 2012 Aquarius/SACD and SMOS satellite data. Remote Sensing of Environment, 140: 14-22.

KENDALL B M, BLUME H J C, CROSS A E, 1985. Development of UHF radiometer. Technical Report NASA-TP-2504. Hampton: NASA Langley Research Center.

KERR Y, WALDTEUFEL H, WIGNERON P, et al., 2001. Soil moisture retrieval from space: The soil moisture and ocean salinity (SMOS) mission. IEEE Transactions on Geoscience and Remote Sensing, 39:

1729-1735.

LAGERLOEF G S E, COLOMB F R, LE VINE D, et al., 2008. The Aquarius/SAC-D mission: Designed to meet the salinity remotesensing challenge. Oceanography, 21: 68-81.

LEE T, 2016. Consistency of Aquarius sea surface salinity with Argo products on various spatial and temporal scales. Geophysical Research Letters, 43: 3857-3864.

MISRA S, JOHNSON J, AKSOY M, et al., 2013. SMAP RFI mitigation algorithm performance characterization using airborne high-rate direct-sampled SMAPVEX 2012 data. Geoscience and Remote Sensing Symposium (IGARSS), Melbourne, 9: 41-44.

MISRA S, KOCZ J, JARNOT R, et al., 2018. Development of an on-board wide-band processor for radio frequency interference detection and filtering. IEEE Transactions on Geoscience and Remote Sensing, 10: 1-13.

OLIVA R, DAGANZO E, RICHAUME P, et al., 2016. Status of radio frequency interference (RFI) in the 1400-1427 MHz passive band based on six years of SMOS mission. Remote Sensing of Environment, 180: 64-75.

PIEPMEIER J R, JOHNSON J T, MOHAMMED P N, et al., 2014. Radio-frequency interference mitigation for the soil moisture active passive microwave radiometer. IEEE Transactions on Geoscience and Remote Sensing, 52: 761-775.

RUF C S, GROSS S M, MISRA S, 2006. RFI detection and mitigation for microwave radiometry with an agile digital detector. IEEE Transactions on Geoscience and Remote Sensing, 44: 694-706.

SWIFT C T, MCINTOSH R E, 1983. Considerations for microwave remote sensing of ocean-surface salinity. IEEE Transactions on Geoscience and Remote Sensing, 4: 480-491.

VINOGRADOVA N, TONG L, BOUTIN J, et al., 2019. Satellite salinity observing system: Recent discoveries and the way forward. Frontiers in Marine Science, 6: 1-23.

WOOD H, ROBAR C, KAVADAS J D, et al., 1975. The remote measurement of water salinity using RF radiometer techniques. Canadian Journal of Remote Sensing, 1: 67-69.